鮭鮭向前衝
黃耀傑◎漫畫

信仰與堅持

推薦序／方力行教授

近些年來的台灣社會，不論在形態、結構、價值觀上，都在快速變化，往往讓家長在教育子女時，對要教他們什麼才是對的，都有無所適從之感。身處這種膚淺的混亂中，一些經過千萬年時間的洗練，由大自然的生命所表現出來最純真、原始的執著、毅力、信仰與堅持，或許才是真正值得人類世代保有的東西，《鮭鮭向前衝》這本圖畫書想傳達給讀者的，正是這樣的精神與態度。

鮭魚是全世界已知約25,000種魚類中，最為人研究、了解與利用的魚類之一，牠的生活史一直是河海洄游魚類的經典代表。鮭魚的成長過程，大部分在海洋中，但是到了生殖期，就必須歷經千辛萬苦，重新回到魚兒當年出生的陸地溪流源頭，在那兒產卵，讓幼魚孵化，小魚則重回海洋完成新的生命周期。通常一般人了解的公、母魚在產完卵後都因筋疲力盡而死亡，但在真實的情況裡，有些種類的母魚仍會順流而下，重回海中，等到明年吃得肥壯了，生殖腺又飽滿了，牠們會不計辛勞的重歷艱辛，再度履行傳宗接代的天賦，直到生命的盡頭方休，相較於本書繪著者黃耀傑先生想要傳達給讀者們，鮭魚群不屈不撓，突破困難，勇往直前的精神，我還可以加上：「母親更偉大」的注腳呢！

黃先生真是很有心的自然教育漫畫家，這本《鮭鮭向前衝》已獲得96年國立編譯館優良漫畫特輯乙類連環圖畫組第一名，另一本以伯勞鳥遷移台灣為主題的《飛向南國》不僅受到金鼎獎的入圍肯定，也是行政院新聞局所評定的優良讀物，對一位從事了23年的漫畫創作工作者而言，這些成就不但是對作品的稱頌，更是對他一路走來耐心與毅力的肯定。同時我們也欣見他作品裡，呈現了愈來愈多以自然生命為師的環境關懷，正是這些年來，人類在文明發展的過程中，最應該反省、檢討和學習的事情。

不過，身為一個一生與魚蝦共享生命饗宴的科學家，我最後還是希望能為漫畫中小壯、小當、小亞、艾爾……真正的生活講兩句話，鮭魚是亞極區海域的魚種，因此牠們洄游的大海都是在高緯度寒冷的海洋，所以不會有珊瑚礁或熱帶魚的同伴出現在周遭的環境中；鮭魚是肉食性的魚類，牠們在溪流中的食物以昆蟲、水蠅類為主，是以也不會有去吃水草、藻類等植物的景象發生，但是最該強調的是：不管魚類和人類有什麼生活習慣的不同，我們都該一樣正直、友愛、團結、努力、不屈不撓的去完成我們天賦的使命！不要害怕，無怨無悔。

方力行 謹識
正修科技大學講座教授
前國立海洋生物博物館館長

自序／黃耀傑

沒有克服不了的難關

這部作品是描述鮭魚從出生、成長、順游進入海洋，再洄游逆流而上，回到自己故鄉地孕育下一代的生命悲歌。

鮭魚的生態，是大自然界動人的一章，儘管歷經千年的遞嬗，鮭魚的生長過程依舊未曾改變，在洄游的旅程中有不同的關卡，及許多的困難需要去克服。

鮭魚們發揮生命中最大的勇氣與毅力，來面對挑戰、突破困境！

為了要繪製這部作品，我到許多圖書館、網路上，蒐集了很多鮭魚生態的相關資料，當我逐漸了解到鮭魚生命周期的種種變化時，愈覺得牠們的一生彷彿是場宿命的安排，令人感到既悲壯又感動！

在洄游的過程中，牠們沿途要克服激流、瀑布、落石、斷木……，以及無數的天敵，如熊、人類，還有老鷹等的捕食，只有極少數的鮭魚才能安全的回到故鄉產卵，繁衍下一代。

人生的旅程中，也像鮭魚們一樣充滿了許多不可預知的挑戰與困難，我希望能藉由這部作品，傳達給青少年朋友們一個重要的主旨：當你立定人生的目標之後，只要心中充滿堅定的信念，就沒有克服不了的難關！

在此，我也與青少年朋友們分享一個伴隨我二十年的座右銘——順境，常是過去辛勞、艱苦耕耘所得來的成果；逆境，也正是日後峰迴路轉、否極泰來的前奏。

但願讀者看完之後，也能從書中獲得啟發，學習鮭魚不屈不撓，為達目標勇往直前的精神！

角色介紹

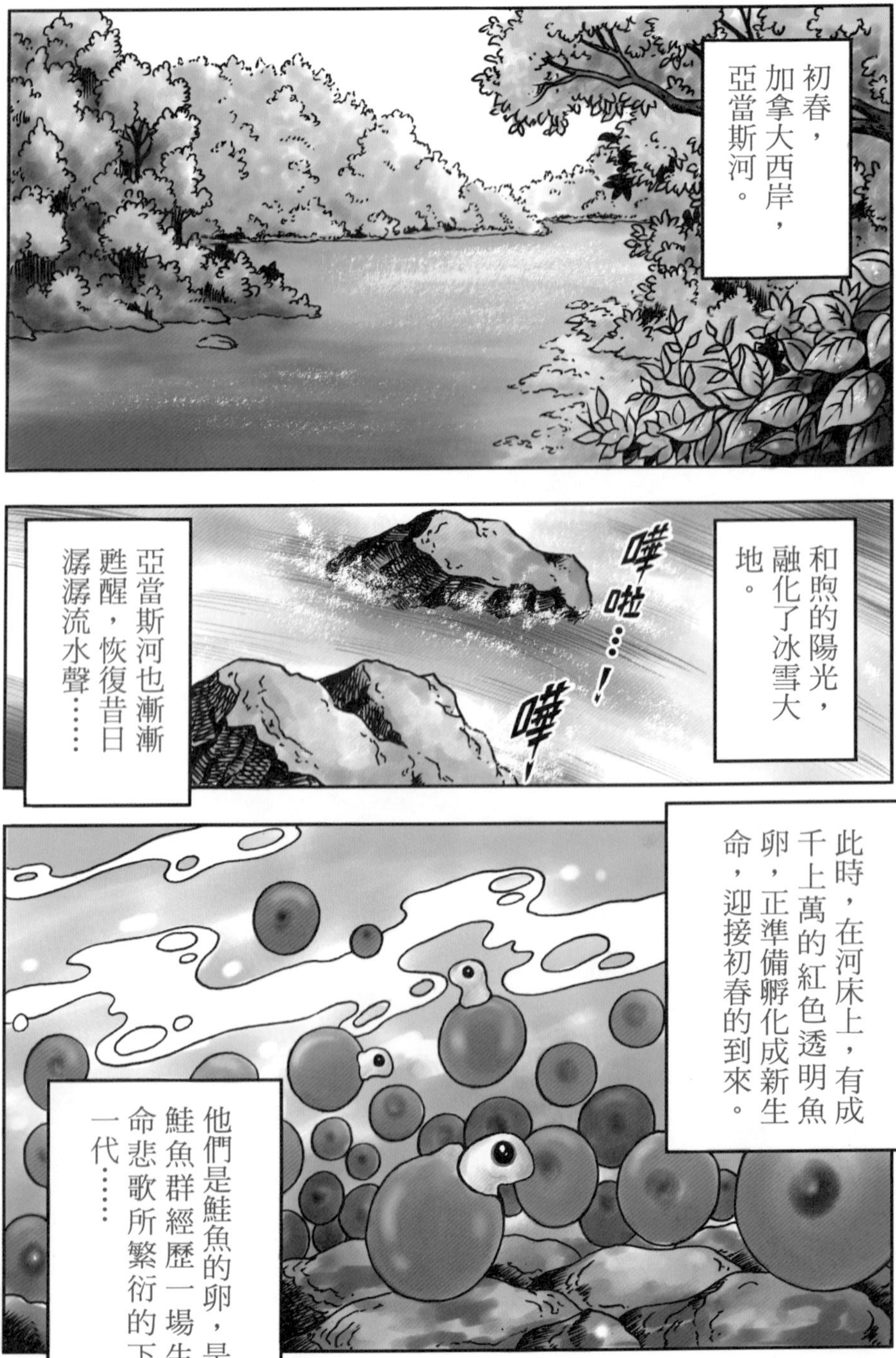
初春，加拿大西岸，亞當斯河。
和煦的陽光，融化了冰雪大地。
嘩啦……！
嘩！
亞當斯河也漸漸甦醒，恢復昔日潺潺流水聲……
此時，在河床上，有成千上萬的紅色透明魚卵，正準備孵化成新生命，迎接初春的到來。
他們是鮭魚的卵，是鮭魚群經歷一場生命悲歌所繁衍的下一代……

現在，他們的孩子也即將誕生。
隨著父母所遵循的大自然法則，體驗一場生命勇氣的冒險試煉！
小鮭魚剛出生時，腹部會有個卵囊供給生命養分。
唔……
小亞（雌鮭魚）
小當（雄鮭魚）
爸爸……媽媽……
爸爸！媽媽！
爸爸！媽媽！
小鮭魚苗們拖著虛弱的身體，四處游走，日夜尋找他們的爸爸媽媽……
爸爸！媽媽！
你們在哪裡……？

爸！媽！你們在哪裡？
妹妹！
哥哥，你知不知道我們的爸媽去哪兒了？
妹妹，妳別哭，我們慢慢找！
孩子們，你們別找了！
咦？是誰在說話？
我是一隻剛從冬眠中醒來的青蛙！
你們要找的父母親……
已經……
全部死亡了！
啊！
死亡？

就在去年初秋，我即將進入冬眠期之前……
我目睹了你們父母，在這裡所發生的一切……
嗚……爸爸、媽媽……
我們一生下來，就是孤兒……
你們長大後，
也會遵循著父母的腳步，踏上生命之旅！
嗖！
哇！
哇！
哇！
妹妹！快逃命哪！

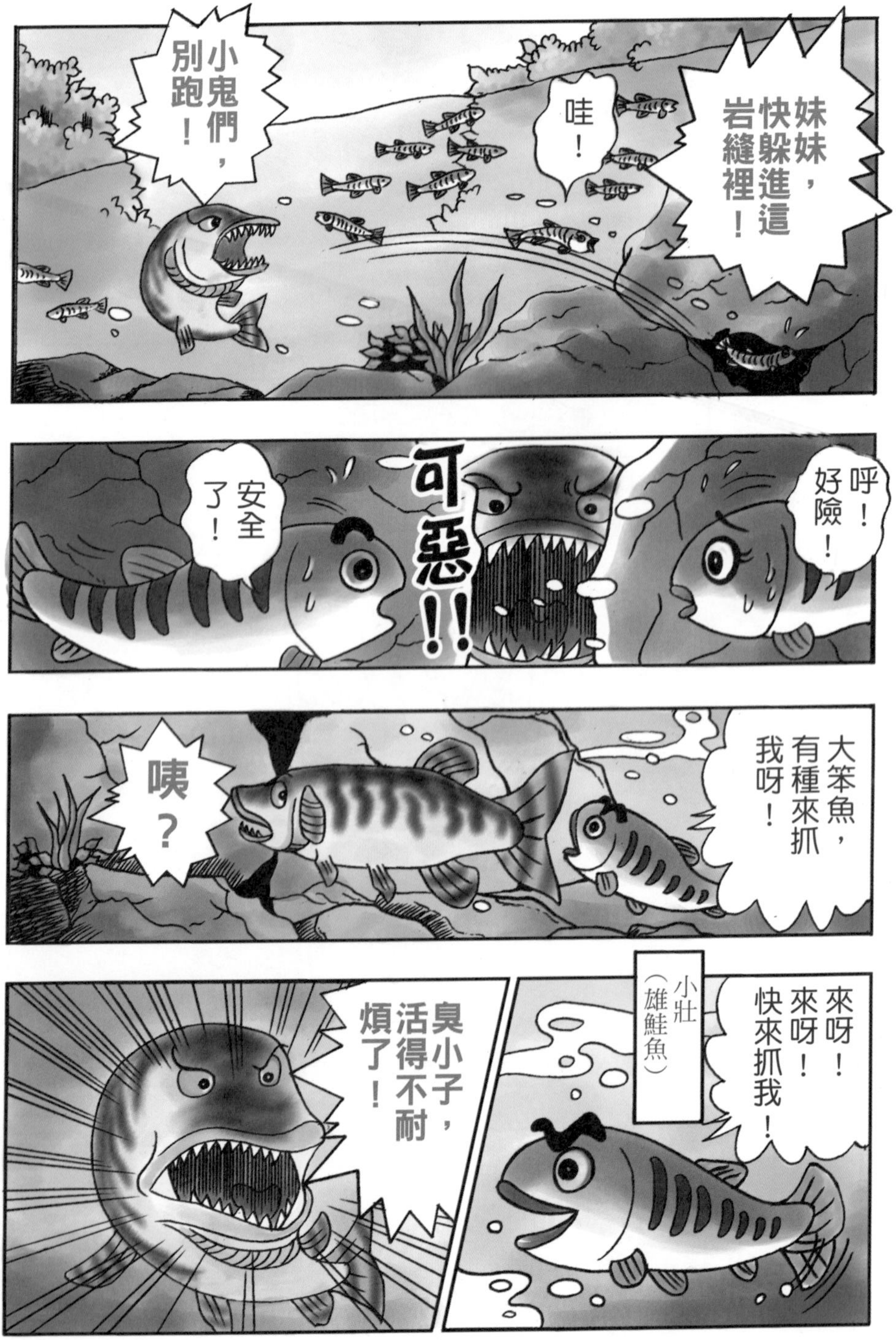
妹妹，快躲進這岩縫裡！
哇！
小鬼們，別跑！
呼！好險！
可惡！！
安全了！
大笨魚，有種來抓我呀！
咦？
來呀！來呀！快來抓我！
小壯（雄鮭魚）
臭小子，活得不耐煩了！

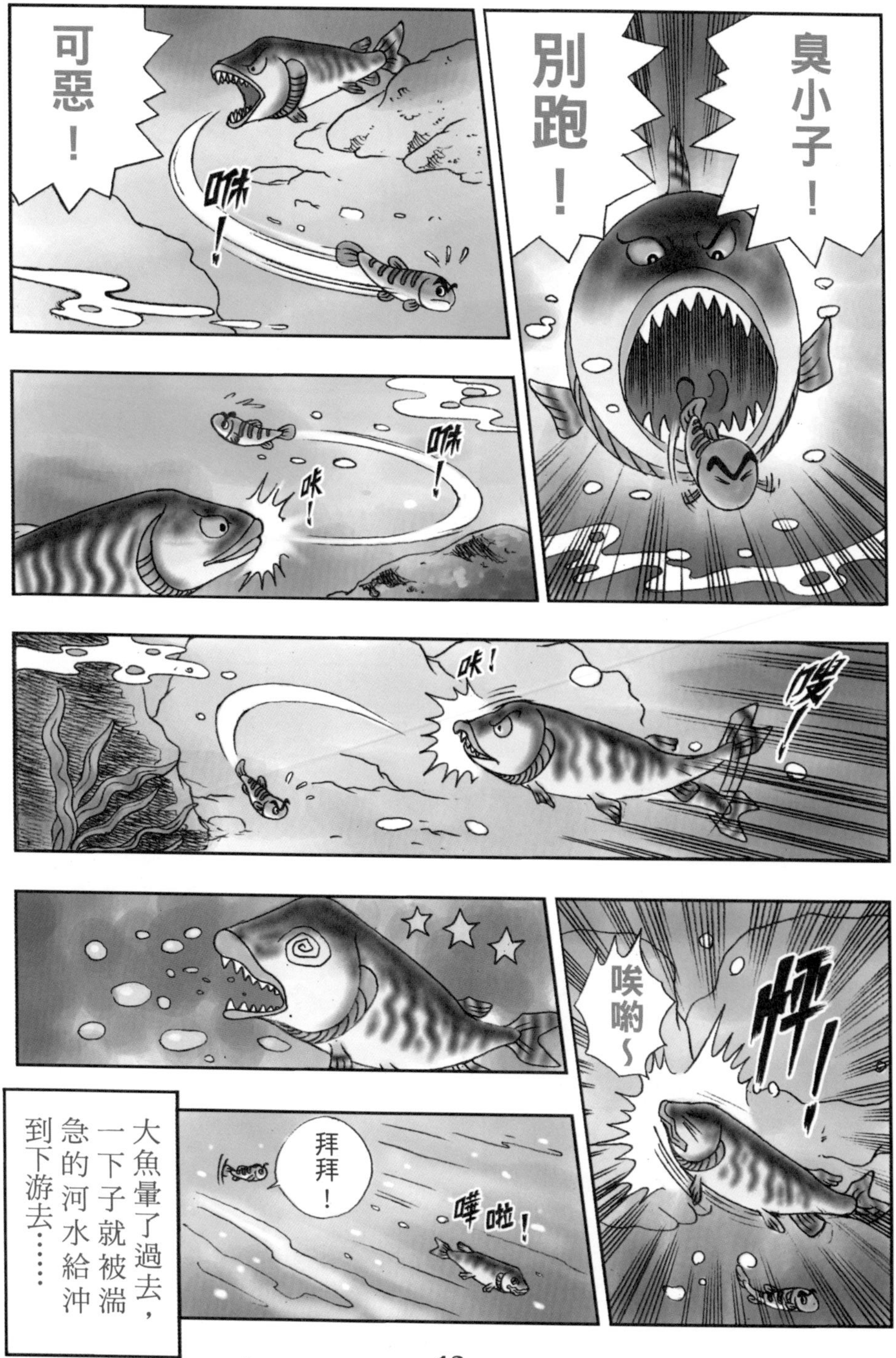
臭小子！
別跑！
可惡！
咻！
咻！
咔！
咔！
嗖！
唉喲~
怦！
大魚暈了過去，一下子就被湍急的河水給沖到下游去……
拜拜！
嘩啦！

太好了！危機解除了！
剛才真是好危險……
多虧小壯來解危……
是啊！小壯是大英雄！
小壯，好有膽量喔！
哪裡！大家過獎了！
日後，我們的成長過程中……不知道還會經歷多少生死試煉……
與其害怕的逃避，不如挺起胸膛、勇敢的面對挑戰！

嗯！嗯！小壯說得好！
對！
妹妹，雖然我們一出生就沒有爸媽……
而且也立刻失去了一些同伴……
但是，往後的日子，不知還有多少危險等著我們去面對……
現在所要做的事，不是感傷同伴的逝去，也不是哀嘆自己是孤兒的命運……
而是使自己盡快長大面對！
懂嗎？妹妹！
哥……我明白了……
小鮭魚們肚子都餓了，他們開始四處覓食。

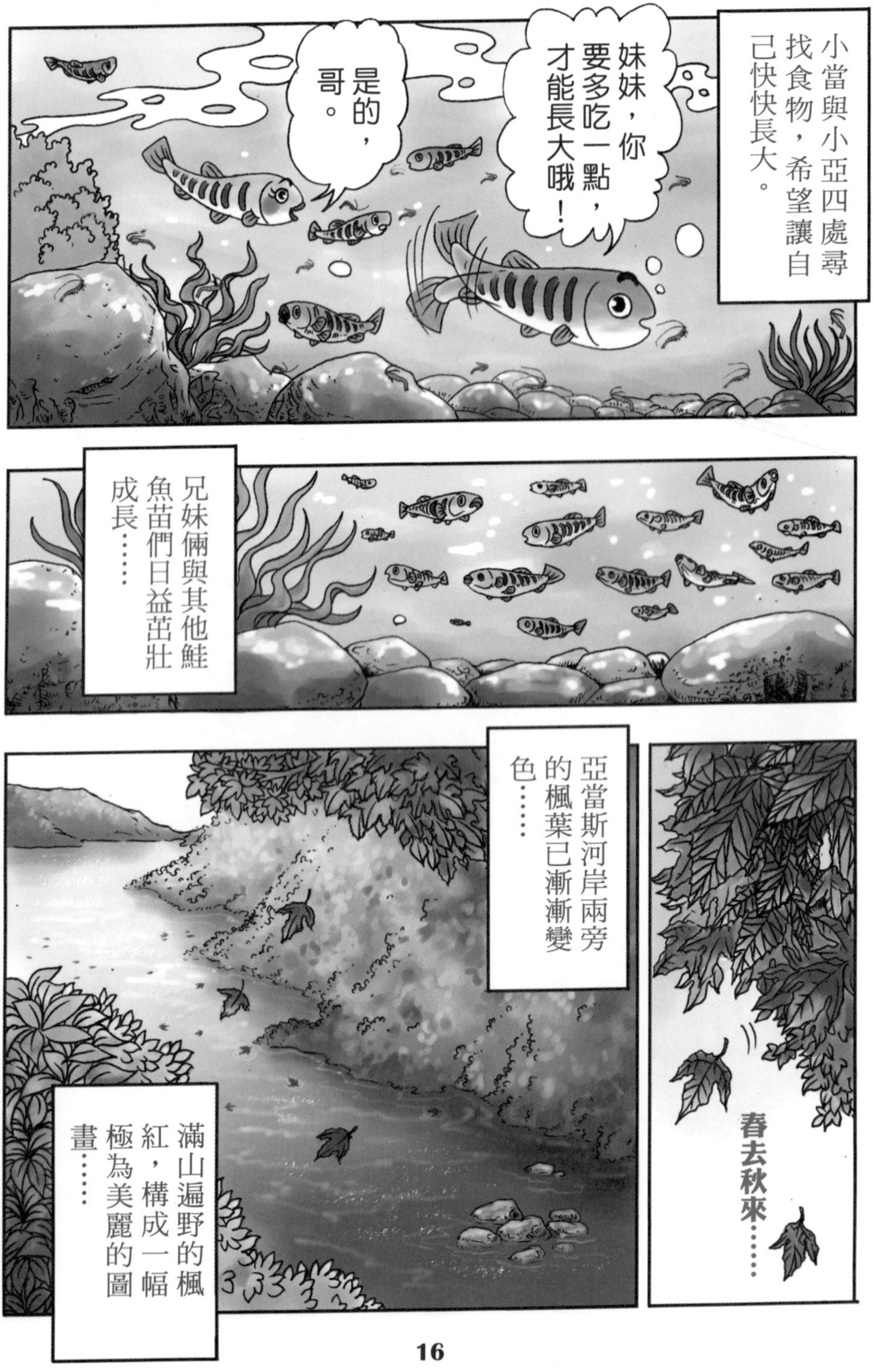
小當與小亞四處尋找食物，希望讓自己快快長大。
妹妹，你要多吃一點，才能長大哦！
是的，哥。
兄妹倆與其他鮭魚苗們日益茁壯成長……
春去秋來……
亞當斯河岸兩旁的楓葉已漸漸變色……
滿山遍野的楓紅，構成一幅極為美麗的圖畫……

妹妹，妳看得到我嗎？
我看到你的尾巴了！
嘻！好好玩！
咦？哥哥，天空飄下來的是什麼東西呢？
唔……，我也不知道耶！
下雪了，這是小鮭魚們出生以來，第一次看見下雪的景象。

冬天來臨，亞當斯河水表面結冰了！
到處都是一片銀白色！
小鮭魚們只好在冰層下面活動……
冬去春來……
當溫暖的陽光撒落在結冰的河面上，冰塊就漸漸、漸漸的融化……

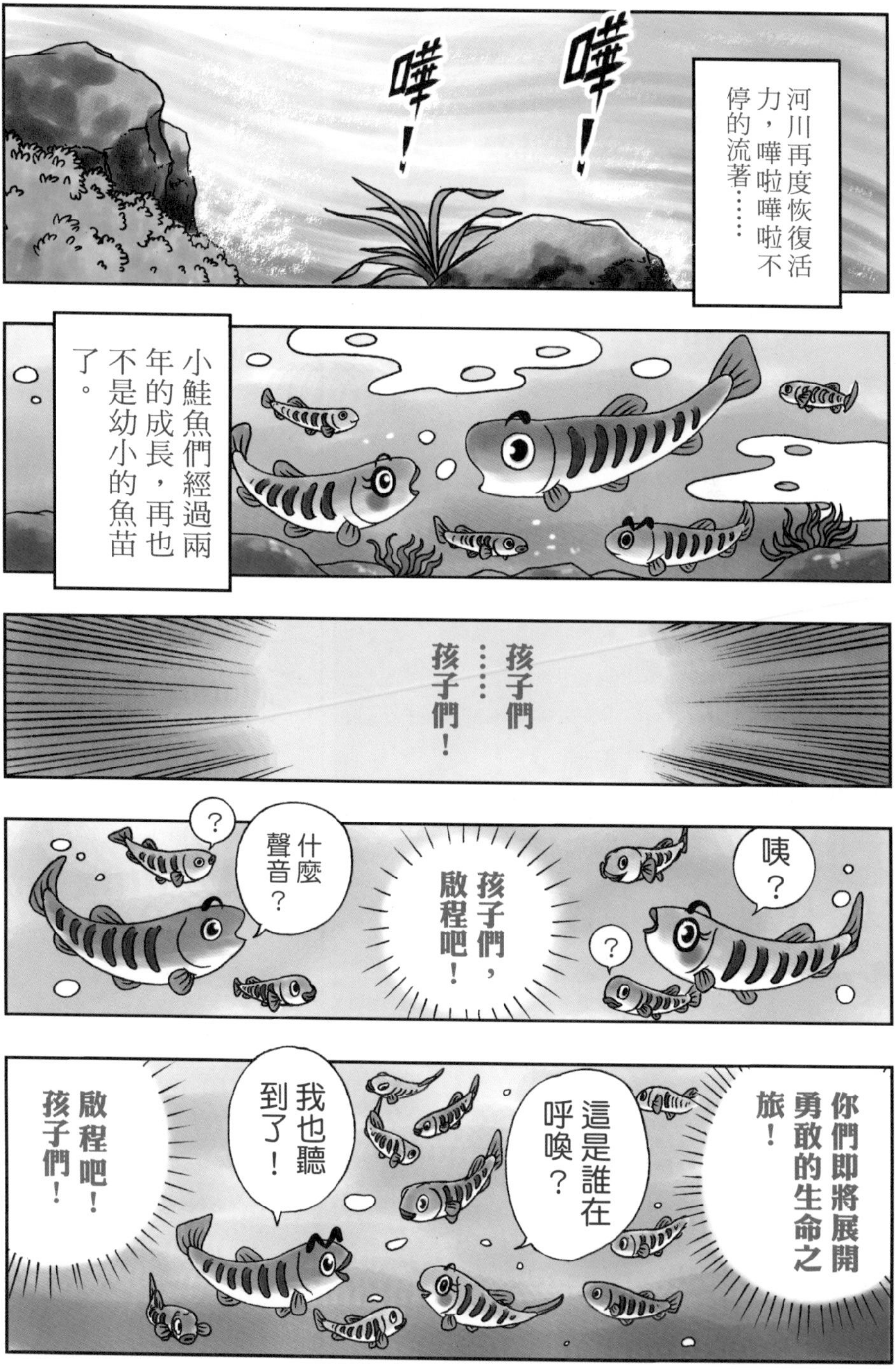
嘩！
嘩！
河川再度恢復活力，嘩啦嘩啦不停的流著……
小鮭魚們經過兩年的成長，再也不是幼小的魚苗了。
孩子們……孩子們！
咦？
？
孩子們，啟程吧！
什麼聲音？
？
你們即將展開勇敢的生命之旅！
這是誰在呼喚？
我也聽到了！
啟程吧！孩子們！

小鮭魚們的體內產生了變化，大家並且都聽到了來自心底深處的呼喚……
孩子們，勇敢的啟程，奔向大海去吧！
那是爸媽的呼喚，呼喚孩子們要展開勇敢的冒險之旅……
成千上萬的小鮭魚們，順著河水往下游，熱鬧擁擠……

我們是隻小小鮭魚……
河流是孕育我們的搖籃……
大海使我們增廣見聞，
歷練茁壯！
當海水轉為溫暖時……
我們將游回故鄉之河……
那孕育我們的河流啊……
是延續我們新生命的搖籃……
是延續新生命的搖籃……
游在鮭魚群最前面的是小壯，他奮力的向前衝！
衝啊！
嘩！
嘩！
哥，我們要游去哪裡呀？
我們將要游向大海！
大海！

哥，我們在河裡生活的好好的，為什麼突然要前往大海呀？
究竟大海長得是什麼模樣？
嗯……這個嘛……
哥哥生平也從未見過大海……
所以，也沒有辦法回答妳呀，妹妹！
但是，我卻充滿期待，希望離開故鄉，到大海裡增廣見聞，使自己磨鍊成長……
攔水閘
嘩！
嘩！
嘩！

哇～滑下去囉！
呀～
好好玩～
嘩！
嘩！
哥，剛才那是什麼啊？
我聽青蛙說過，那叫作——攔水閘。
它的作用是可以讓上游的河水，不要太快流入大海中，
人類用它來儲水，調節水量，灌溉農田。
小鮭魚們一路朝著下游游去……

他們來到了瀑布前……
嘩
嘩
咦？
前面有一道彩虹！
好！看我小壯的厲害！
跳！
啪！
小壯奮力一跳，身子穿越過彩虹！

小鮭魚們紛紛從瀑布上跳了下來！
呀呼，我也要！
我也要穿越彩虹！
他們一路往下游繼續前進！
咦？怎麼有鹹鹹的味道？
對呀！好鹹！
為什麼這裡的水會是鹹的呢？
據說是靠近大海的關係！
哦？我們快要到大海了嗎？
通常鮭魚群會在河口與大海交接處生活一段時間，以適應鹹水。

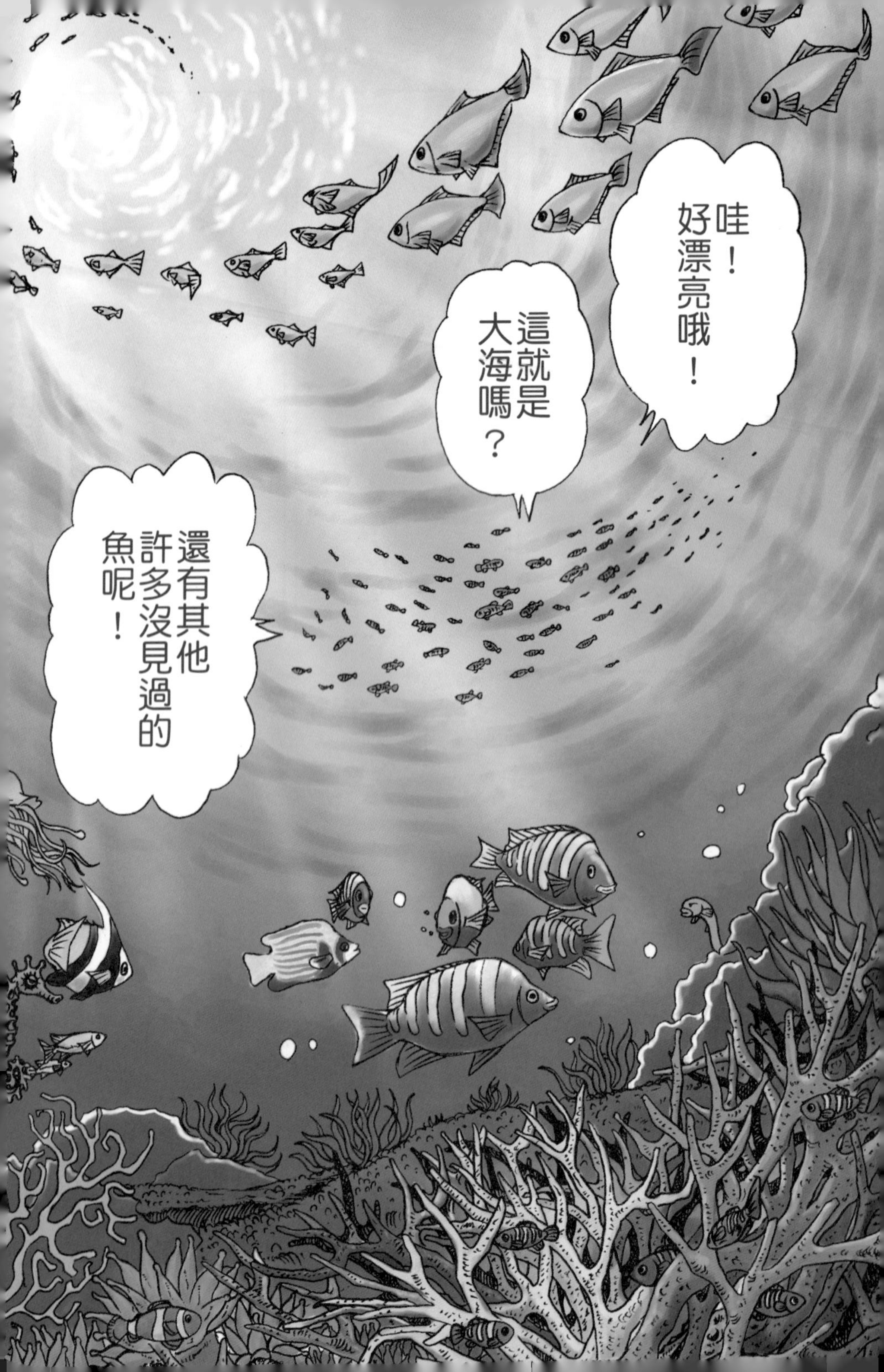
哇！好漂亮哦！
這就是大海嗎？
還有其他許多沒見過的魚呢！

嗨！我是水母～
我是海馬！
啾！
我是海星！
哈囉！我是海鷂魚！
我是海膽！
我是石頭魚！
歡迎你們來到海底世界！
啾！
哇哦～
哇！好多長得怪怪的魚！

親愛的孩子們……
你們終於來了呀！
請問，您是什麼魚呀？
呵呵呵……我不是魚唷！
我是一隻海龜！
而且還是一隻活了一百二十歲的老海龜哦！
一百二十歲！
哇~我們才兩歲而已……
那我們該稱呼您爺爺囉……
雖然我已經一百二十歲……
但是，對於大海來說，這只是一眨眼的時間罷了！

啊！一眨眼哦？
真是太不可思議了！
這太奇妙了，海龜爺爺，我們想多了解有關大海的事情！
呵呵呵……沒問題！
天底下，最大的河也比不上大海！
千萬條河流，河水匯入海中，大海不曾滿溢；張潮時，海水不斷的流出，大海也不見縮減……
一年四季，不知道水災和旱災的變化，這就是大海呀！
啊？
好神奇哦！
海龜爺爺，我想請問您，認不認識我們的爸爸、媽媽呢？
呵呵……

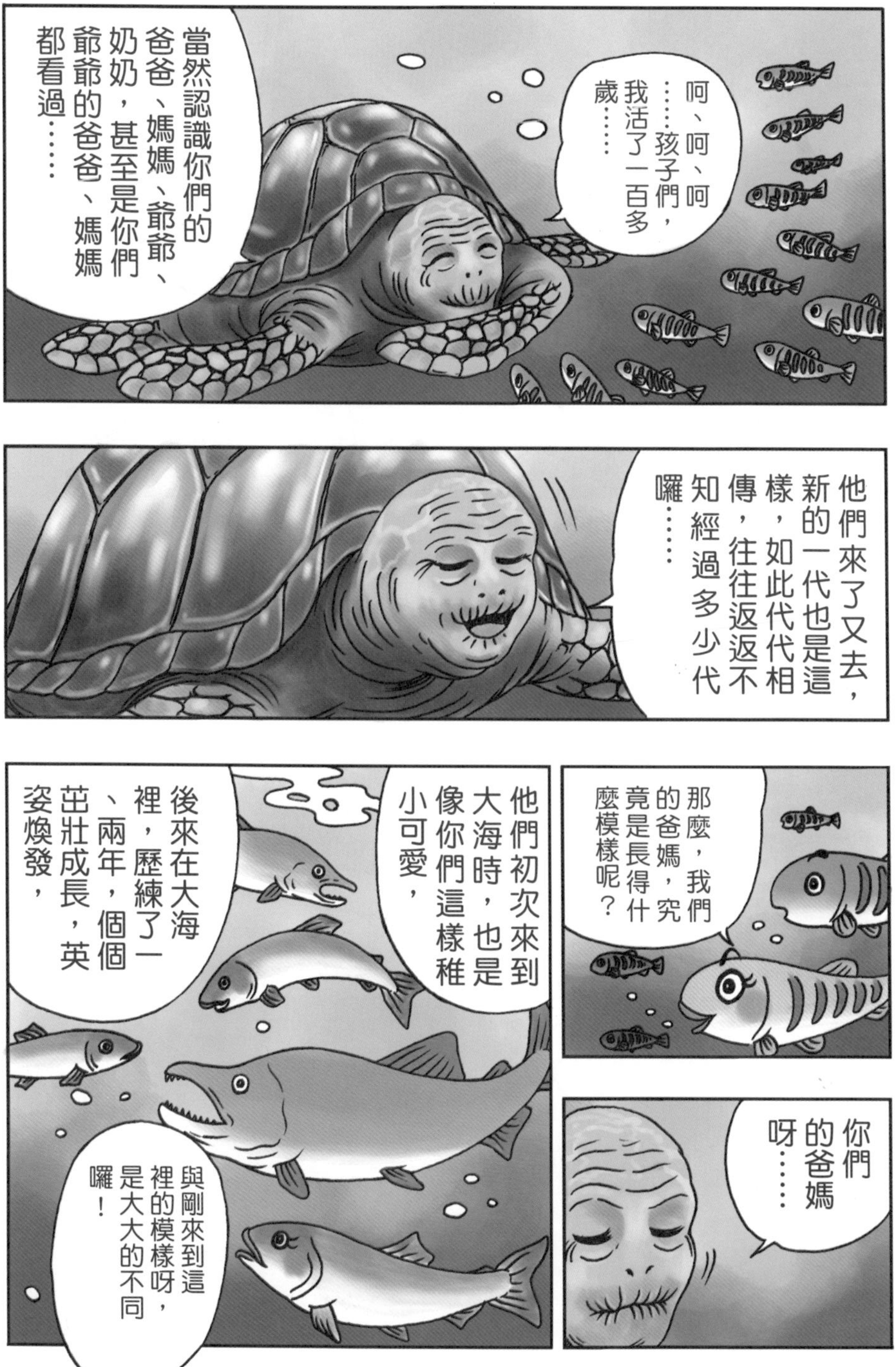
呵、呵、呵……孩子們，我活了一百多歲……
當然認識你們的爸爸、媽媽、爺爺、奶奶，甚至是你們爺爺的爸爸、媽媽都看過……
他們來了又去，新的一代也是這樣，如此代代相傳，往往返返不知經過多少代囉……
那麼，我們的爸媽，究竟是長得什麼模樣呢？
你們的爸媽呀……
他們初次來到大海時，也是像你們這樣稚小可愛，
後來在大海裡，歷練了一、兩年，個個茁壯成長，英姿煥發，
與剛來到這裡的模樣呀，是大大的不同囉！

喔～好好哦！
我將來也要像他們一樣。
啊？
剎！
孩子們，快逃！
哇！
嘩！

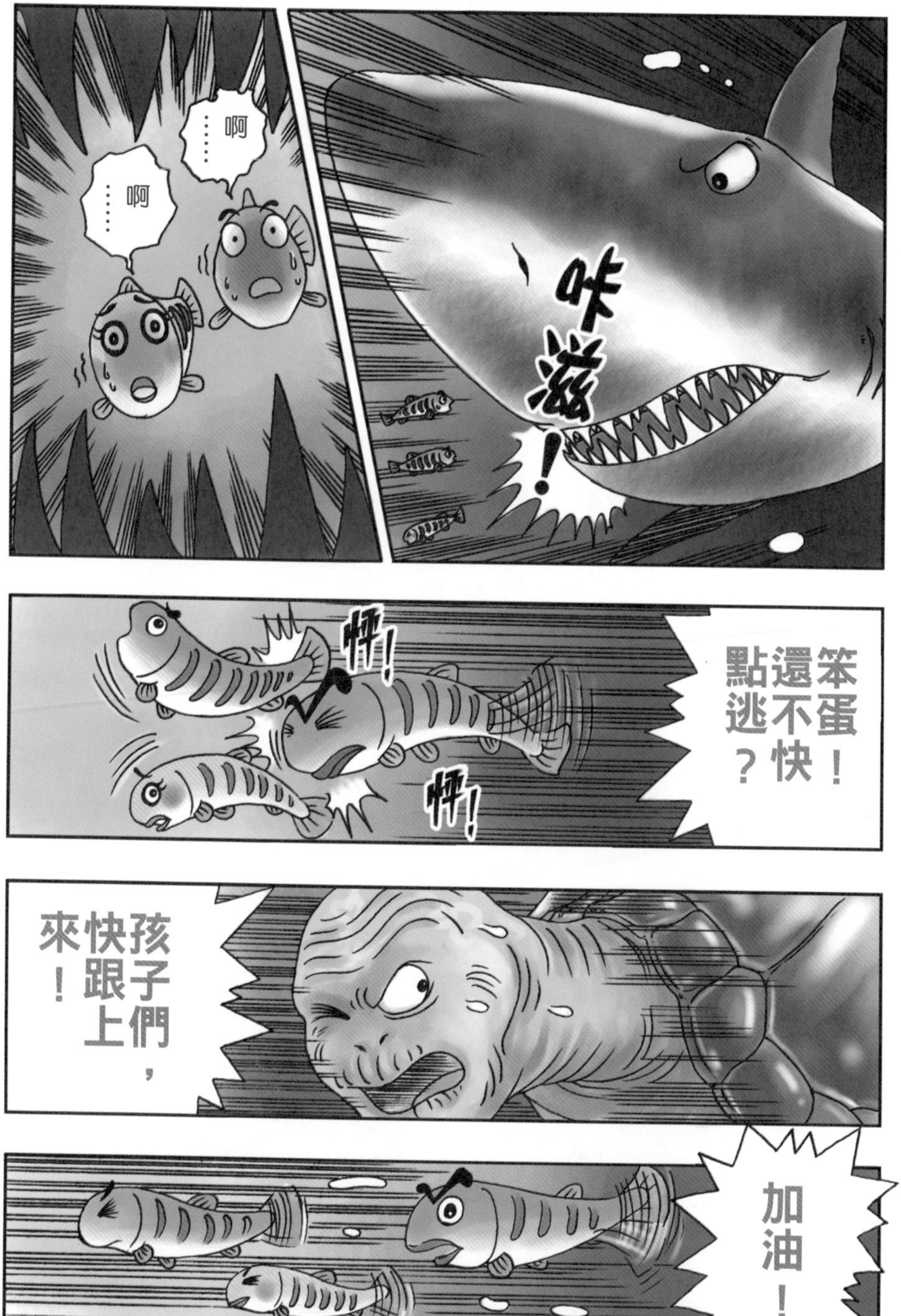
咔滋！
啊……
啊……
笨蛋！還不快點逃？
怦！
怦！
孩子們，快跟上來！
加油！

嘩！
嘩！
嘩
再快一點啊！
咔滋！

小傢伙，別跑！
救命呀！
快躲進珊瑚礁裡面！
可惡！不見了？
好險……！
噓……
走遠了……
孩子們，出來吧！安全了！
呼……

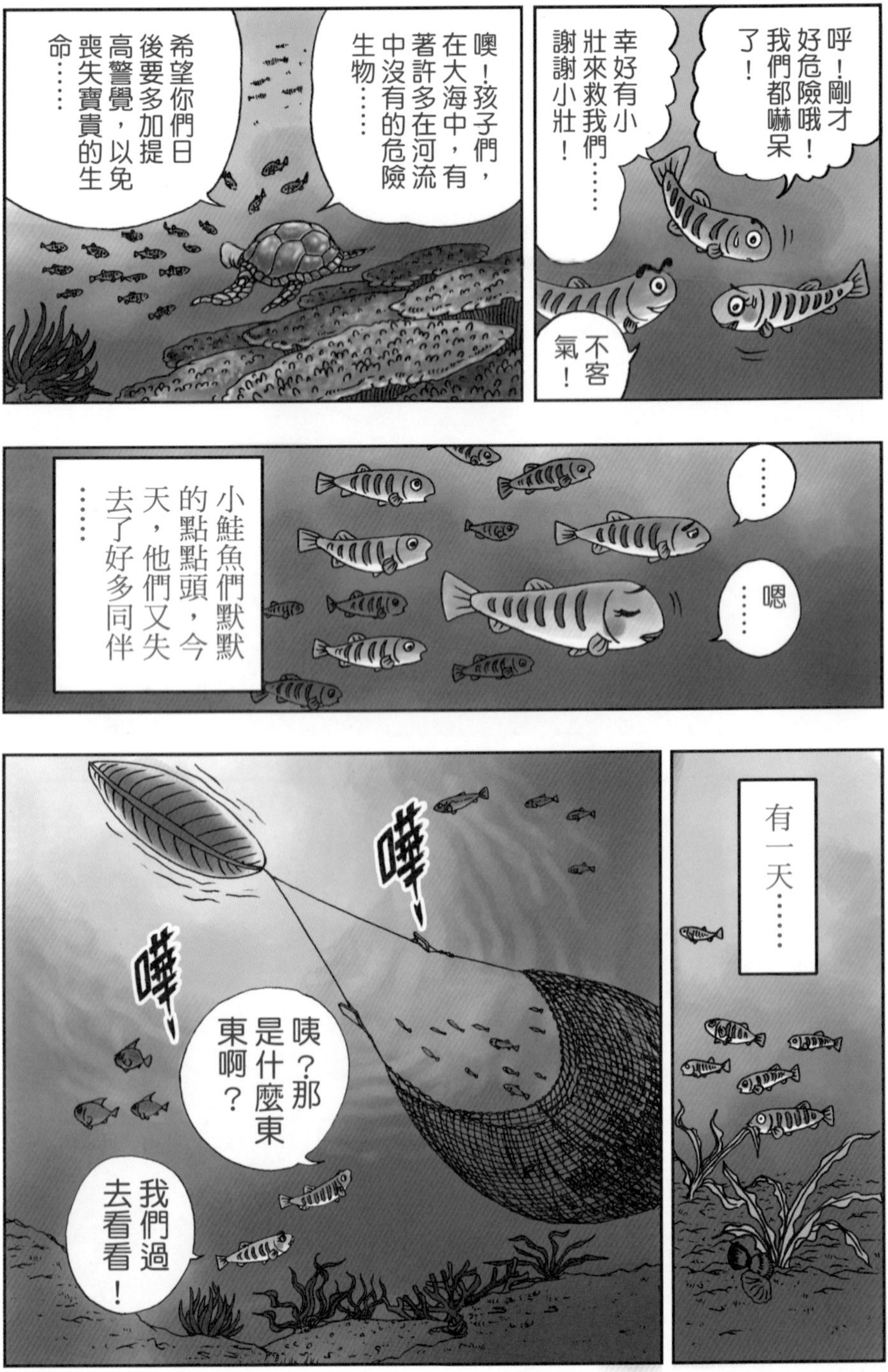
呼！剛才好危險哦！我們都嚇呆了！
幸好有小壯來救我們……謝謝小壯！
不客氣！
噢！孩子們，在大海中，有著許多在河流中沒有的危險生物……
希望你們日後要多加提高警覺，以免喪失寶貴的生命……
……
嗯……
小鮭魚們默默的點點頭，今天，他們又失去了好多同伴……
有一天……
嘩
嘩
咦？那是什麼東東啊？
我們過去看看！

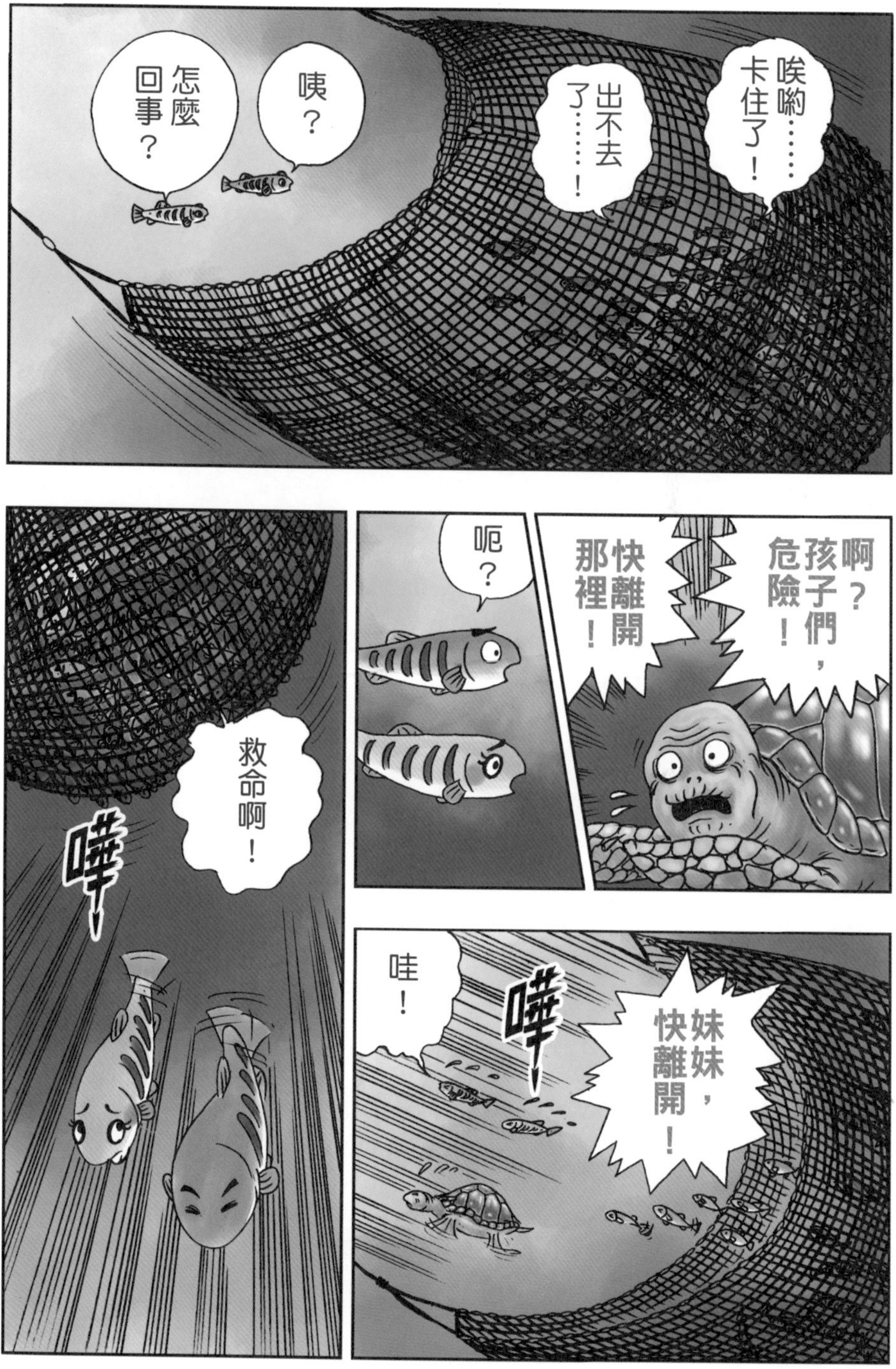
唉喲……卡住了！
出不去了……！
咦？
怎麼回事？
啊？孩子們，危險！
快離開那裡！
呃？
救命啊！
嘩
妹妹，快離開！
嘩
哇！

嗚哇。救命啊！
啊……
唉！
他們被人類的魚網捕走，就再也不能回來了……
魚網？
他們會被捕去哪裡？
你們鮭魚，是人類餐桌上的美味佳肴，所以……
他們會被吃掉嗎？
是的！
啊～
……

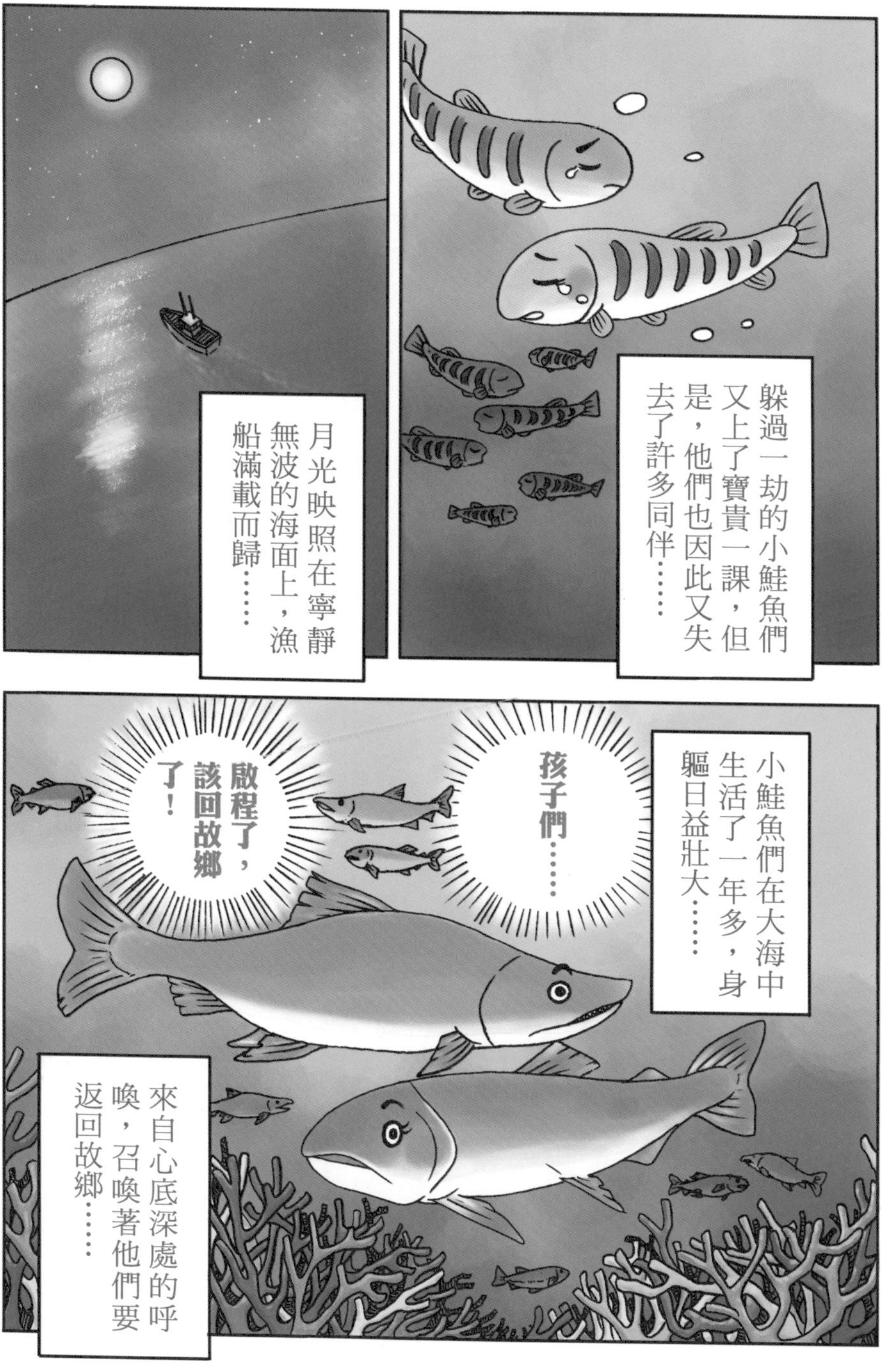
躲過一劫的小鮭魚們又上了寶貴一課，但是，他們也因此又失去了許多同伴……
月光映照在寧靜無波的海面上，漁船滿載而歸……
小鮭魚們在大海中生活了一年多，身軀日益壯大……
孩子們……
啟程了，該回故鄉了！
來自心底深處的呼喚，召喚著他們要返回故鄉……

咦？什麼聲音？
這是爸爸、媽媽在呼喚我們……
我也聽到了！
孩子們，啟程吧！該回故鄉了！
孩子們，時候似乎已經到啦！
你們已長成雄壯美麗的鮭魚，該回去你們的故鄉，完成你們的使命了！
故鄉？
我們要回故鄉了？
啊？這一天我等好久了！

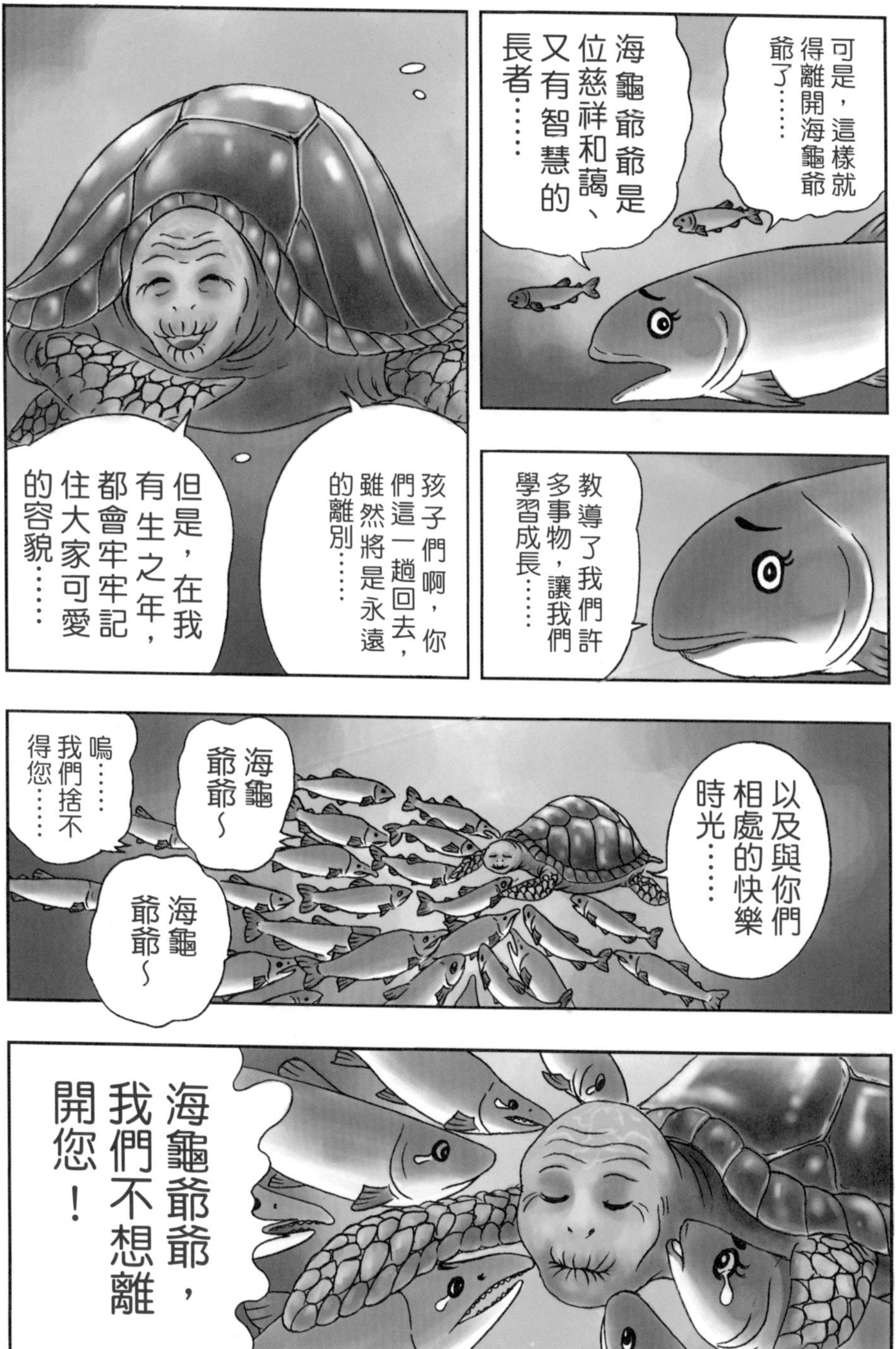
可是，這樣就得離開海龜爺爺了……
海龜爺爺是位慈祥和藹、又有智慧的長者……
教導了我們許多事物，讓我們學習成長……
孩子們啊，你們這一趟回去，雖然將是永遠的離別……
但是，在我有生之年，都會牢牢記住大家可愛的容貌……
以及與你們相處的快樂時光……
海龜爺爺～
嗚……我們捨不得您……
海龜爺爺～
海龜爺爺，我們不想離開您！

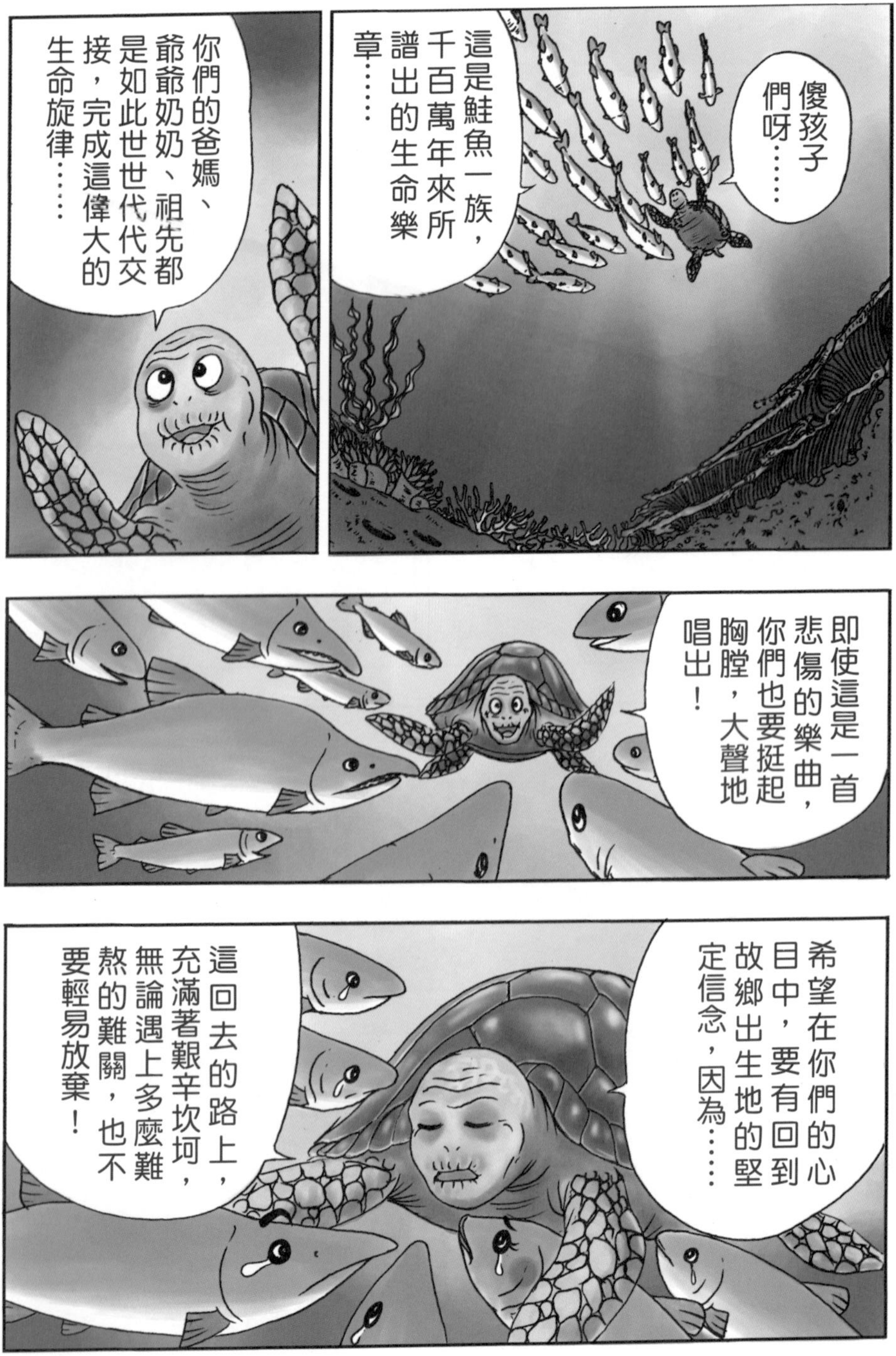

傻孩子們呀……
這是鮭魚一族，千百萬年來所譜出的生命樂章……
你們的爸媽、爺爺奶奶、祖先都是如此世世代代交接，完成這偉大的生命旋律……
即使這是一首悲傷的樂曲，你們也要挺起胸膛，大聲地唱出！
希望在你們的心目中，要有回到故鄉出生地的堅定信念，因為……
這回去的路上，充滿著艱辛坎坷，無論遇上多麼難熬的難關，也不要輕易放棄！

你們要以身為鮭魚一族為榮！
我也會以你們為傲！
我們要以身為鮭魚一族為榮！
不怕任何的艱難！
孩子們，永別了，祝福你們！
海龜爺爺，再見！我們永遠愛您！
孩子們，祝福你們……
再見……海龜爺爺～
永別了……

鮭魚們依依不捨道別了海龜爺爺，踏上歸鄉之旅。
那將是一場對鮭魚最嚴苛的挑戰，生與死的試煉，都在前方等著他們！
但是，聽了老海龜的勉勵後，他們個個士氣高昂，奮勇地游回河流中……
此時，帶頭的依舊是小壯，他的身軀，已成長得更碩大雄偉，他一路帶頭往前衝！

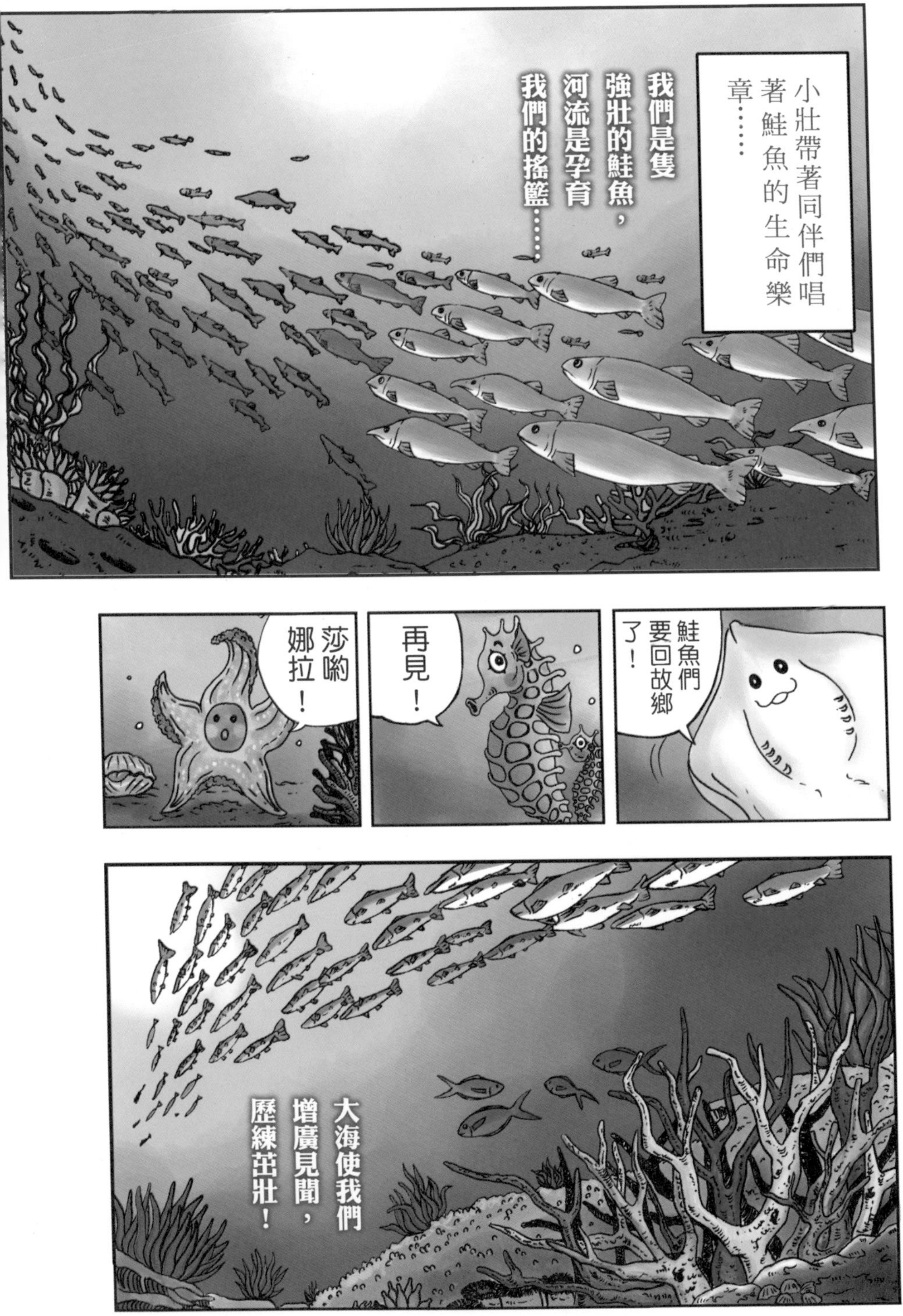
小壯帶著同伴們唱著鮭魚的生命樂章……
我們是隻強壯的鮭魚，河流是孕育我們的搖籃……
鮭魚們要回故鄉了！
再見！
莎喲娜拉！
大海使我們增廣見聞，歷練茁壯！

當海水轉為溫暖時，
我們將游回故鄉之河，
那孕育我們的河流啊！

是延續我們新生命的搖籃……
是延續新生命的搖籃……

離家的孩子們，
歡迎你們！
歡迎你們回到
故鄉的懷抱……
嘩嘩！
啊！好熟悉的味道！
這是故鄉的味道！
淡水的味道！
就是故鄉的味道！
我們又回來了！
通常鮭魚從大海返回河流時，會在河水口適應淡水一段時間，再逆流而上。

適應淡水後，鮭魚們準備一鼓作氣往上衝了！
加油！
唔……好吃力……
哥，為什麼我們去的時候一路順暢，毫不費力氣地就能游向大海，
而要從大海游回來的時候，卻感覺很吃力呢……？
那是因為我們的故鄉位在上游，是河川較高的地區，我們現在是從下游逆流而上，所以比較吃力！
咦？前面是怎麼了！

河道堵塞了！
我們過不去了！
可能是發生過地震……
引起山崩落石，才把河道堵塞了！
那要怎麼辦？
沒關係，我們改道！
走！
嘩！
嘩！
吱—！

嘿嘿嘿……
好多美味的
食物啊！
刷！
嘩啦！
啪啪！
啊……
有同伴被抓走了！
妹妹，快游，別停下來！
否則會被河水沖走！

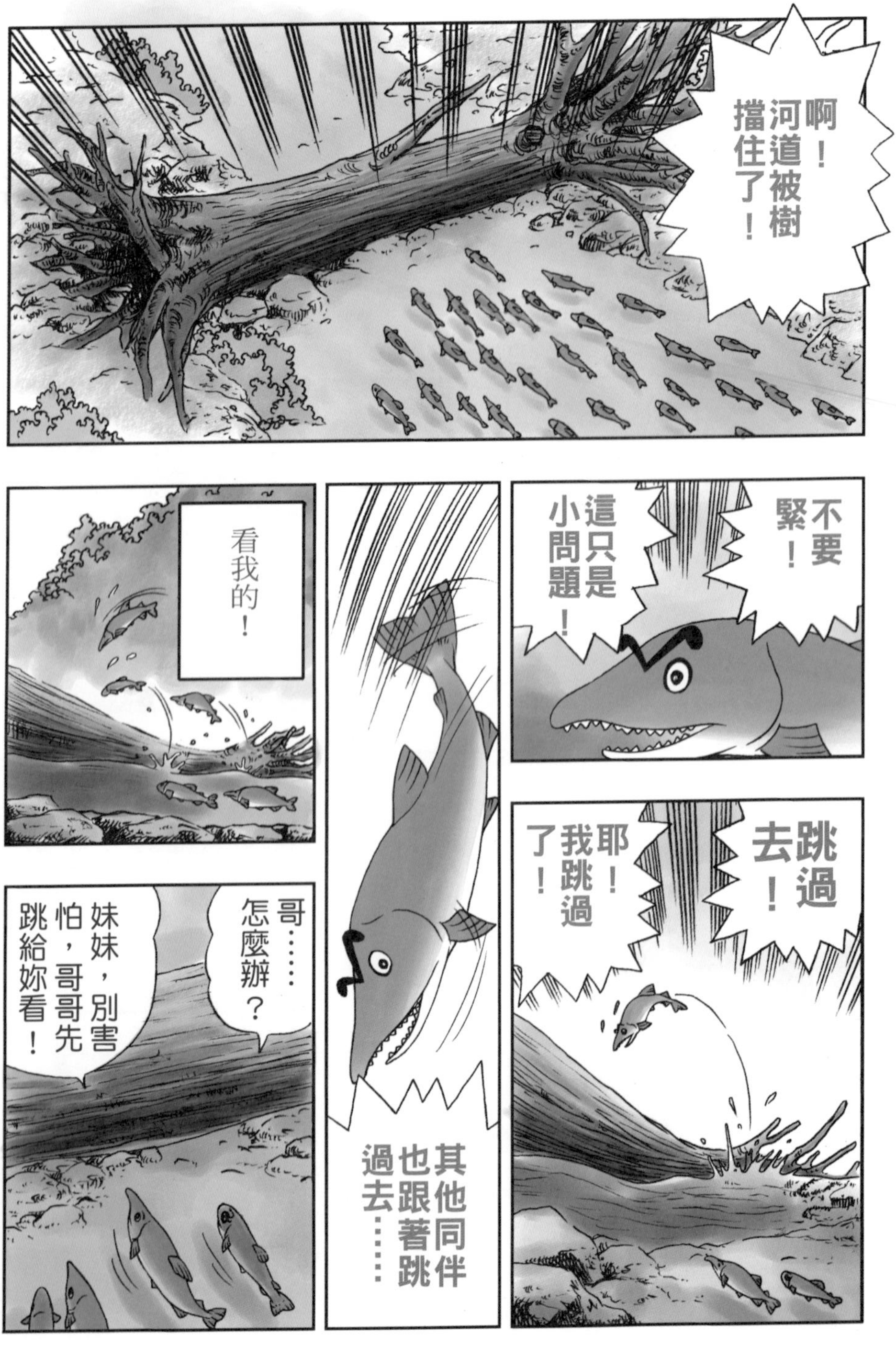
啊！河道被樹擋住了！
不要緊！這只是小問題！
看我的！
跳過去！
耶！我跳過了！
其他同伴也跟著跳過去……
哥……怎麼辦？
妹妹，別害怕，哥哥先跳給妳看！

妹妹，我成功了，妳快跳過來！
噗通！
呀！
嘩
唔！
哇～
嘩啦！
嘩啦
小亞被激流沖走了！
啊……好累哦……
唉喲～
啪！
嘿！唷！

哇！哥哥，救命哪！
小亞！
小亞！
哥哥再度躍過枯木！
撐著點！
唉喲……
妹妹……妳還好吧！
哥……我沒事了！

你好！我是艾爾！
你好，我是小亞的哥哥——小當！
我剛看到小亞一直被沖往下游……
所以就用我的身子為她擋住，讓她在這休息……
謝謝你，艾爾！
哪裡，不客氣！
同伴互相幫忙是應該的！
哥哥小當非常感激艾爾救了妹妹小亞，等小亞稍微恢復了一些元氣，就再度啟程……
他們又來到枯木前……

妹妹，妳先跳！
我在後頭守著，以防萬一！
可是……我還是會怕……
呀！
小亞，別怕！我先跳給妳看！
小亞，我跳過來了！
妹妹妳看，不會很難的！
好！我要勇敢！

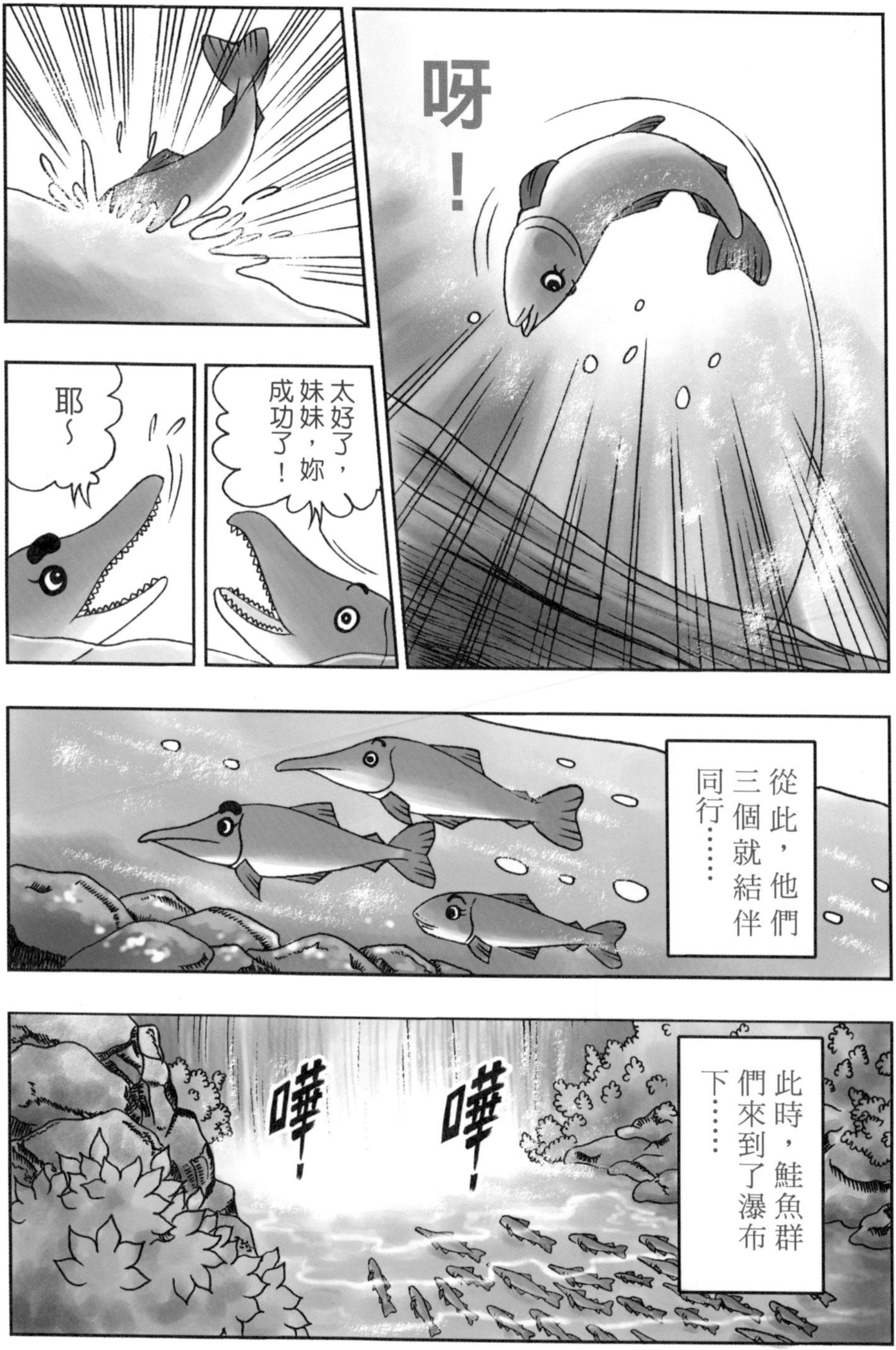
呀！
太好了，妹妹，妳成功了！
耶～
從此，他們三個就結伴同行……
此時，鮭魚群們來到了瀑布下……
嘩！
嘩！

嘩
嘩
嘩

大家還記得兩三年前……
嘩！
嘩！
我們來到瀑布時，穿越美麗小彩虹的經驗嗎？
對呀！
感覺好棒！
可是現在……
我們卻得跳到上面去……
嘩！
嘩！
好高啊……
嘩！
嘩！
吼～～！
吼～～！

吼！（肚子餓了）
吼！（吃飯）
這些美味的鮭魚是我的！
是我的！
嘩
嘩
上來吧！小傢伙！
啊啊……那就是傳說中的熊嗎？
熊？

是的，海龜爺爺曾經說過，熊是最愛吃我們鮭魚一族了……
啊！吃掉我們？
那……那該怎麼辦？
我們不想被吃掉啊……！
同伴們，不要害怕！
我們別忘記海龜爺爺的訓勉……
我們要做一隻勇敢不怕任何艱難的鮭魚！

嘩嘩！
衝上去吧！
嘩！
啊！
食物上來啦！
呼！
呀！

吼！！
小傢伙，看掌！
吼！
笨蛋！
沒抓到！
嘩！
啪！
啊！
可惡！

小壯，你還好吧？
呼！
沒事吧？
剛剛好危險哦！
大家都為你捏了一把冷汗呢！
不！
我不怕！
我要再試一次！
嘩
衝啊！
嘩
小壯再度奮力向上衝刺！

刷—！
太好啦！食物都送上門了！
大家一起衝吧！
嘩
嘩
衝啊！
嘩
嘩
小壯
嘩

啪！
嘿嘿！我抓到一隻囉！
嗚……我也要……
嘩
嘩
我要到旁邊享受美味了！
啊……！有同伴被殺死了……！
有一隻熊離開了！
快！現在是跳上去的好時機，我們要把握！
跳吧！

呀！
噗通！
唔！沒成功……
再試一次！
艾爾奮力一躍！
嘩
小亞、小當，你們也快點跳吧！
吃不夠，我要再抓！
可惡，撈不到！
嘩
小壯
太……太可怕了！要跳上那麼高的瀑布頂，簡直不可能的事……
更何況……還有大熊在上面等著吃我們……！

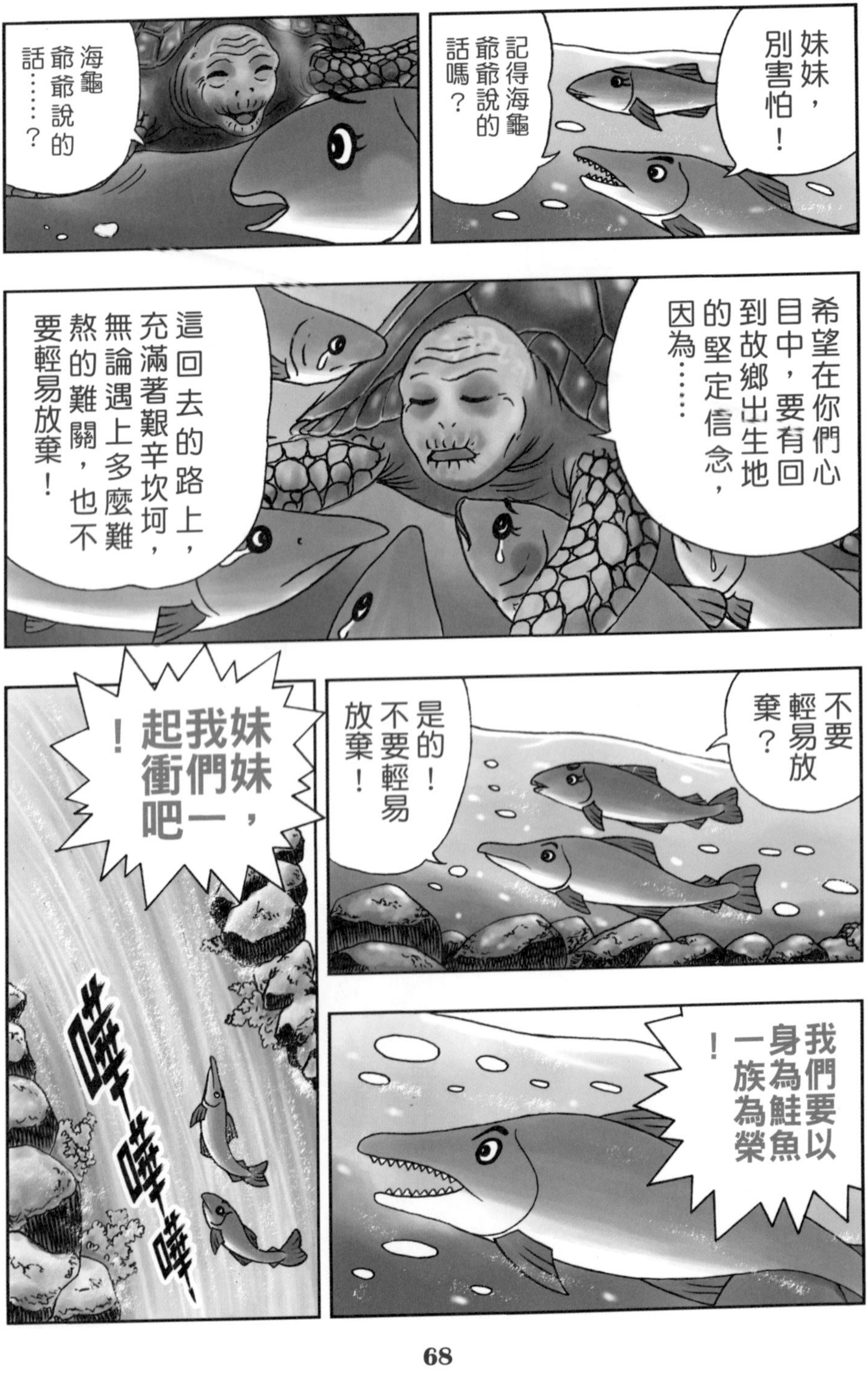
妹妹，別害怕！
記得海龜爺爺說的話嗎？
海龜爺爺說的話……？
希望在你們心目中，要有回到故鄉出生地的堅定信念，因為……
這回去的路上，充滿著艱辛坎坷，無論遇上多麼難熬的難關，也不要輕易放棄！
不要輕易放棄？
是的！不要輕易放棄！
我們要以身為鮭魚一族為榮！
妹妹，我們一起衝吧！
嘩嘩嘩

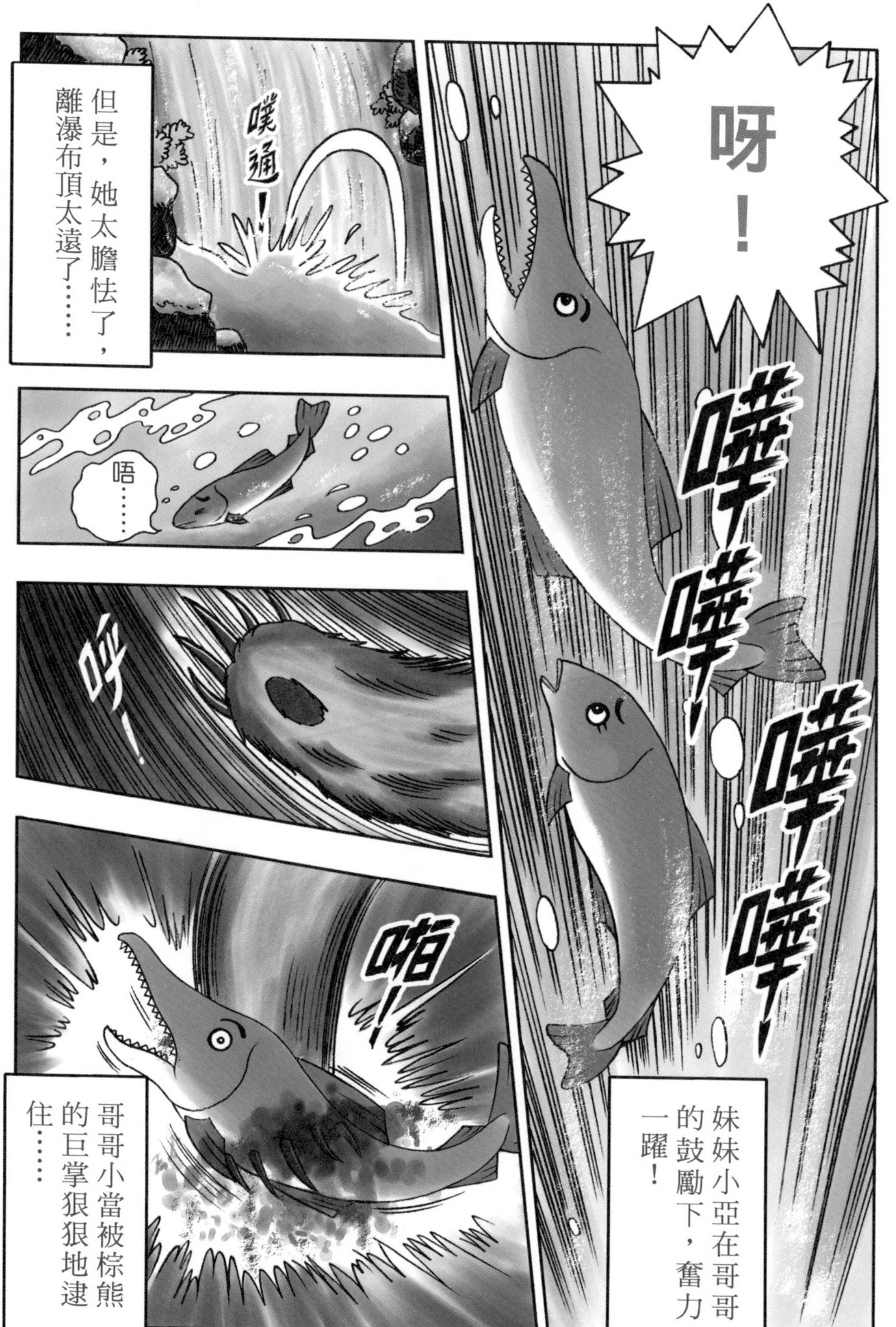
呀！
嘩嘩嘩！
嘩嘩嘩！
妹妹小亞在哥哥的鼓勵下，奮力一躍！
但是，她太膽怯了，離瀑布頂太遠了……
噗通！
唔……
呼！
啪！
哥哥小當被棕熊的巨掌狠狠地逮住……

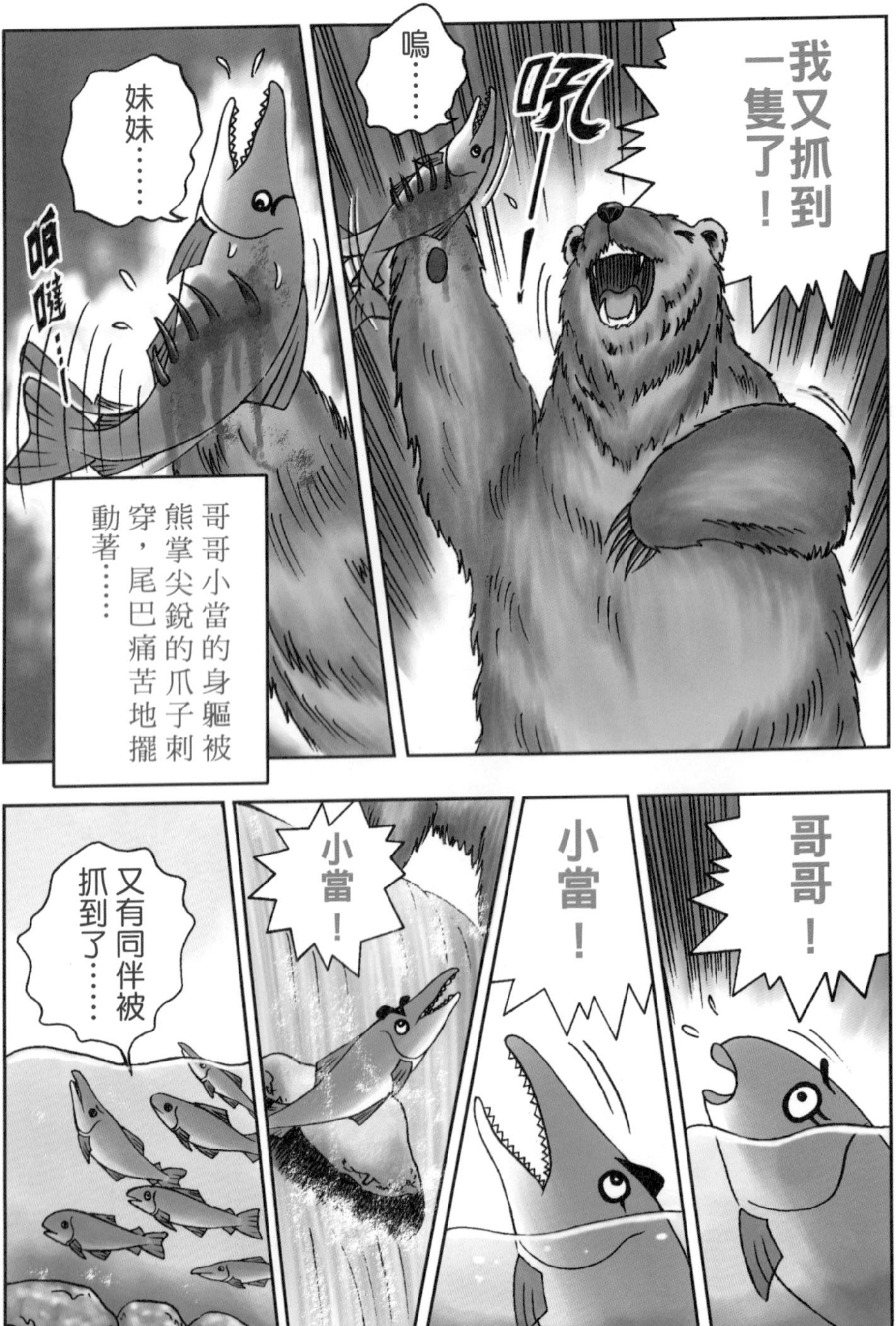
我又抓到一隻了！
吼！
嗚……
妹妹……
咱噠……！
哥哥小當的身軀被熊掌尖銳的爪子刺穿，尾巴痛苦地擺動著……
哥哥！
小當！
小當！
又有同伴被抓到了……

嘿嘿……
我又要去享受美味囉～
嘩
嘩
嗚……妹妹！
快點……快趁現在跳上來呀！
妹妹，加油！
哥哥……
妹妹小亞看到哥哥痛苦的為自己加油打氣，眼淚不停地流了下來……

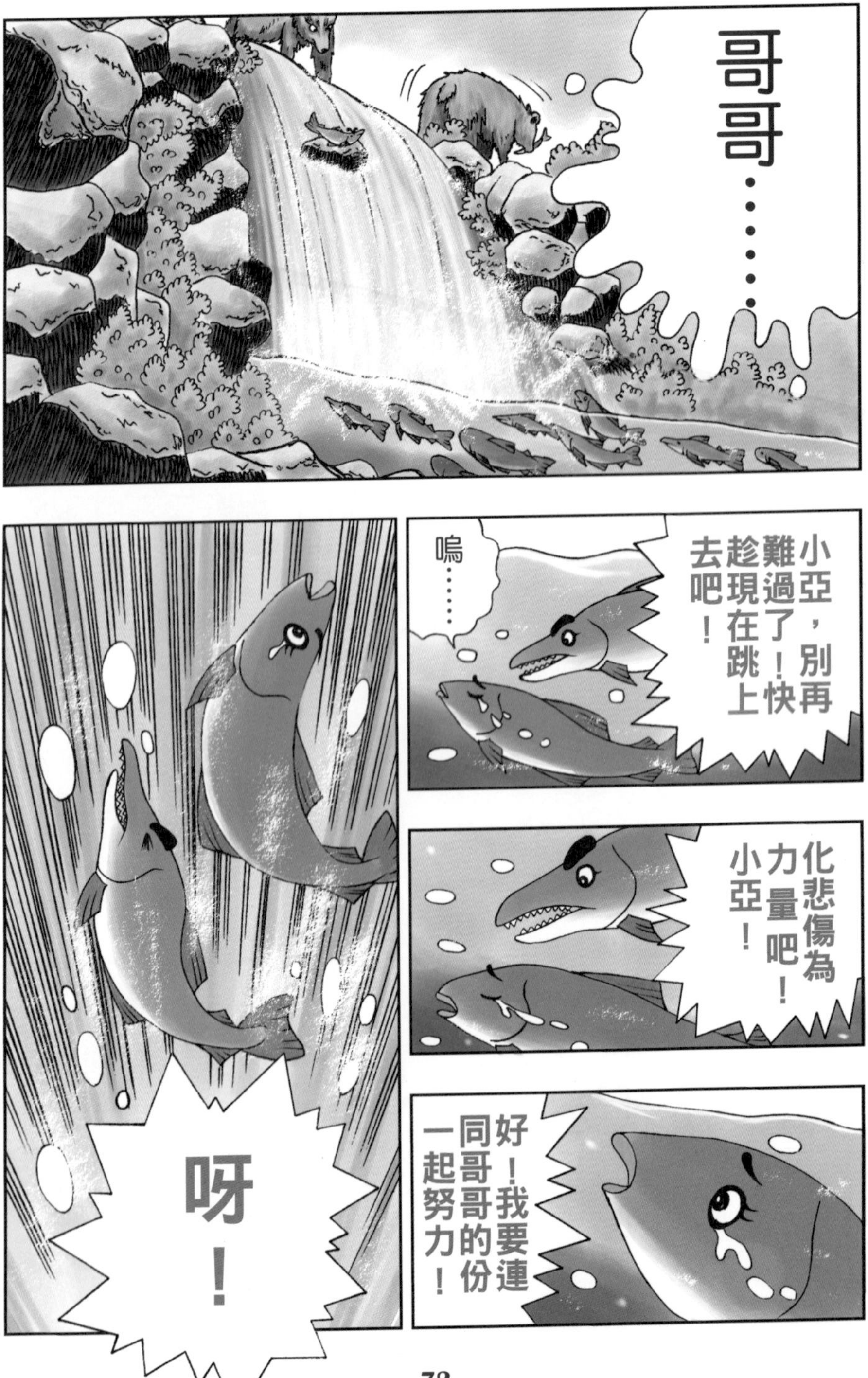
哥哥……
小亞，別再難過了！快趁現在跳上去吧！
嗚……
化悲傷為力量吧，小亞！
好！我要連同哥哥的份一起努力！
呀！

嘩！
嘩！
嘩！
可惡，這次我一定要抓到！
艾爾、小亞，危險！
咬！
咻！

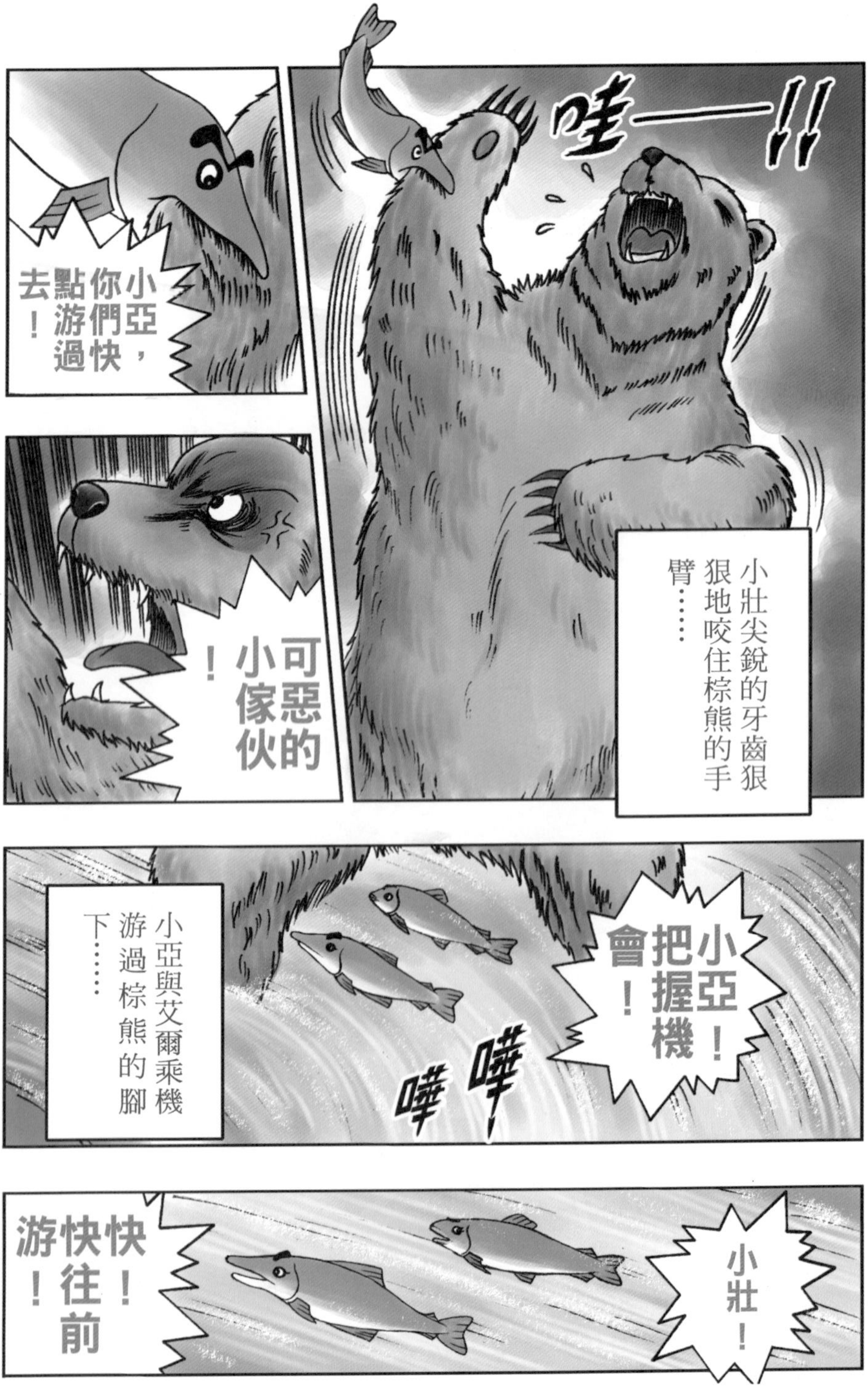

哇——!!
小壯尖銳的牙齒狠狠地咬住棕熊的手臂……
小亞，你們快點游過去！
可惡的小傢伙！
小亞！把握機會！
嘩嘩
小亞與艾爾乘機游過棕熊的腳下……
小壯！
快！快往前游！

刺！！
我終於抓到了~
吼~~！！
嘩
小壯被大棕熊給抓住了……
啊？小壯他……
小壯！
嘩嘩
小亞、艾爾，你們千萬別回頭，快奮力地向前游吧……！
再見了……

小亞、艾爾……永別了……
小壯……
嘩嘩
小壯為了救小亞以及艾爾，勇敢壯烈地犧牲了……
小亞的哥哥死了，小壯也死了，還有其他許許多多的同伴也都死了……
艾爾帶著小亞，一刻也不能停地逆流游上去……
為了回到親愛的故鄉，他們必須付出這麼多寶貴的生命作為代價……

他們現在全身傷痕累累，魚鱗被許多岩石畫破受傷……
小亞……
艾爾，我們已經失去許多親人了……
小亞，別難過，還有我陪在妳身邊呀！
此時，亞當斯河岸兩旁火紅的楓葉紛紛飄落……
小亞想起小時候與哥哥快樂地追逐著水中的楓葉……
當時無憂無慮的生活，想著想著，不禁悲從中來……

孩子們，你們拚了命闖過重重難關，終於回到了出生地……
為了回到這孕育你們的搖籃，你們歷經九死一生，才譜出這首生命樂章……
進入產卵期，雌鮭魚身體轉成深紅色。
雄鮭魚下顎也更為突出。
鮭魚們開始互相尋找伴侶……
現在，你們要將最後一口氣，用來繁衍下一代，讓這首生命樂章畫下完美休止符……

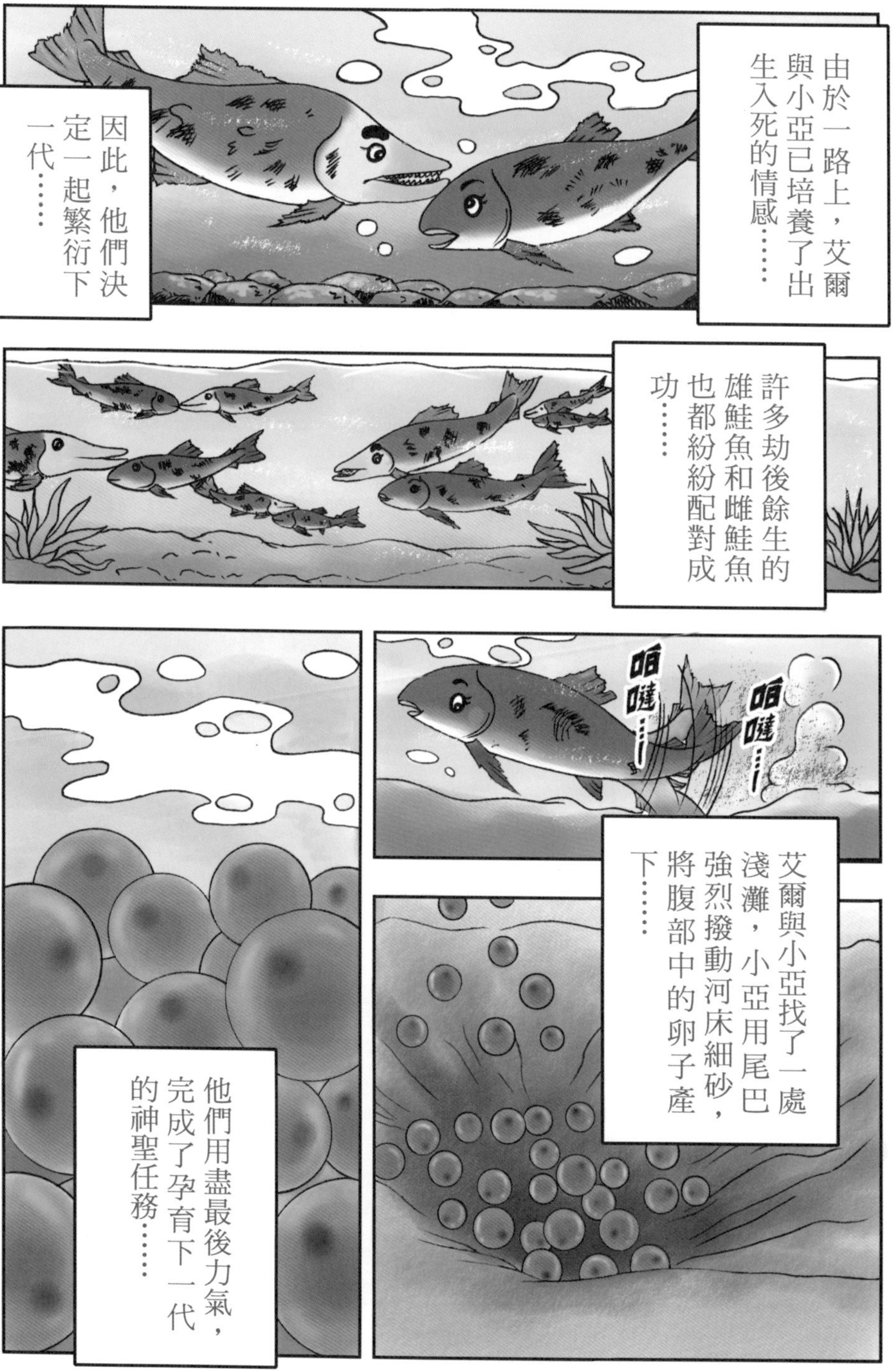
由於一路上，艾爾與小亞已培養了出生入死的情感……
因此，他們決定一起繁衍下一代……
許多劫後餘生的雄鮭魚和雌鮭魚也都紛紛配對成功……
唰噠……！
唰噠……！
艾爾與小亞找了一處淺灘，小亞用尾巴強烈撥動河床細砂，將腹部中的卵子產下……
他們用盡最後力氣，完成了孕育下一代的神聖任務……

艾爾和小亞他們愛的結晶在此形成……
艾爾……
小亞……
啊……
好美的楓葉……
真希望……能再多看一會兒……

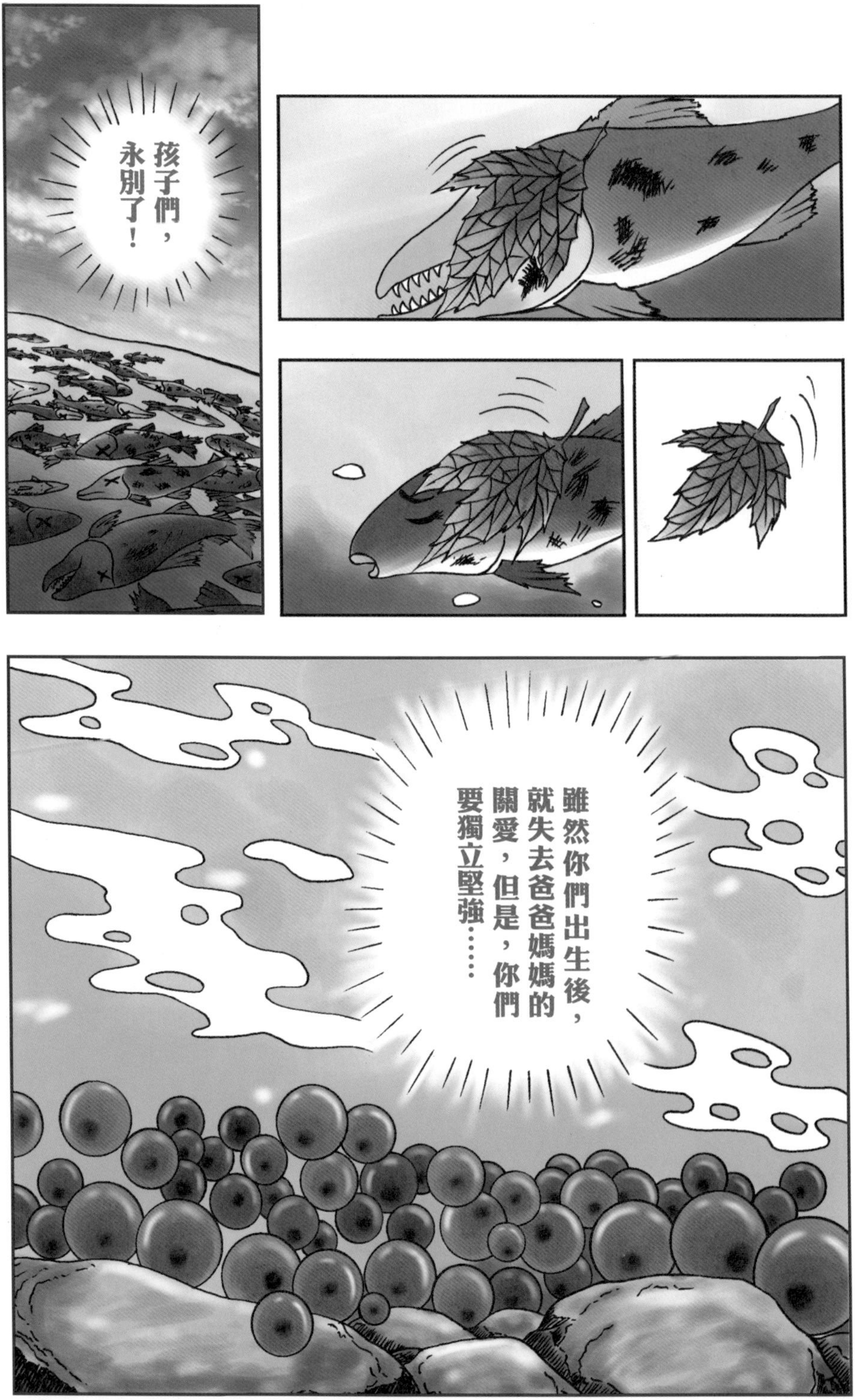
孩子們，永別了！
雖然你們出生後，就失去爸爸媽媽的關愛，但是，你們要獨立堅強……

延續我們鮭魚一族的光榮血脈，
直到生命結束的那一刻，
仍然不能放棄任何希望！
這才是鮭魚最偉大的精神！

鮭魚生態小百科

鮭魚是海水魚類，屬鮭科，有些品種在愈冷的地方，長得愈大。有人曾經在寒冷的阿拉斯加捕到一隻重達45公斤的王鮭。因為分布的地區不同，而有太平洋鮭和大西洋鮭的區別。

呵、呵、呵……
就讓我這隻見多識廣的老海龜來為各位解說吧！

鮭魚在牠們成長的各個階段有不同名稱：

◎稚鮭：剛孵化出來的鮭魚，稱為「稚鮭」。鮭魚通常會在秋季產卵，卵往往產在約離海16到1,126公里的淡水河床上，且被好幾公分的冰雪所覆蓋，經過一個寒冬，才孵化成透明的孵化卵。若是處在一個良好的產卵環境裡，大約有20%的卵會孵化成為魚苗，其中只有75%的小鮭魚能夠安然游回大海繼續成長。

幼鮭魚

◎幼鮭：兩年後長成為「幼鮭」。經過3～4個月，在河床上長成3公分左右的魚苗，然後依據不同品種的鮭魚習性，有的在河流，有的在湖裡生活一年，隔一年的春天，牠們才會跟隨著融化的冰雪，一路流沖進入海洋。這時期的鮭魚，就稱為「幼鮭」。

◎未成熟鮭：鮭魚身體轉為銀色時，叫作「未成熟鮭」。在擁有豐富食物的海洋生活中，鮭魚大肆地進食並快速成長，約2～5年後（根據不同品種，年數也有所不同）成為成魚，在太平洋裡成長的鮭魚，肥碩的身體呈現閃閃的銀白色。

◎產後鮭：在海中生活一年以上而回到淡水中的成鮭，產卵後為「產後鮭」，意即虛弱的無法活著回到大海的鮭魚。

未成熟鮭魚

產後鮭魚

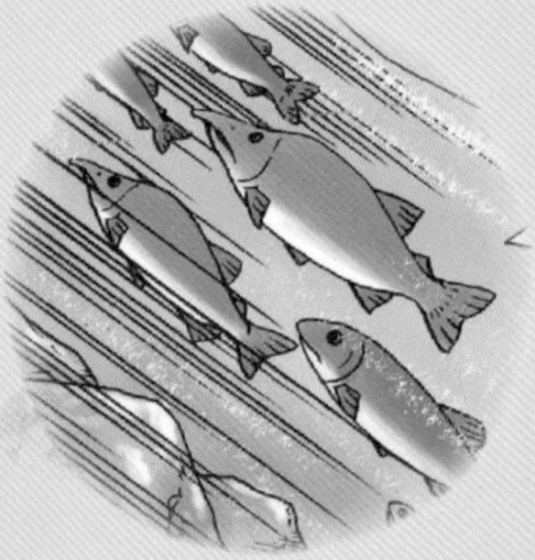

小鮭魚經過一年的生長後，順著河流而下，到達太平洋；其體內產生自然變化，適應鹹水，歷經二年時間成長，來到生育期。這過程中80%的鮭魚會被人類捕獲，或被其他海洋生物吃掉，只有20%會回到原來出生地。

成年鮭魚從海洋洄游到淡水湖泊自己出生的故鄉，並正確找到產卵孵化的溪流，這種高超的本領，主要就是憑藉著其發達的嗅覺引導。

也有科學家認為牠們的血液中，某種微粒對家鄉水中的磁力線具反應，而產生驚人的導航作用，如果水質惡化，或有其他汙染物，影響「水體味道」，便會導致鮭魚無法依賴嗅覺找到回家的路囉。

牠們的旅程非常驚人，經常要游4,000多公里遙遠的路程，才能從海洋洄游到大陸深處，回到自己出生地產卵。一路上，除了死亡，什麼也阻止不了牠們前往目的地的勇氣與決心。

從海水回到淡水後，鮭魚的魚鱗會轉成紅色，頭部轉成綠色，雄性鮭魚背部會隆起，雌性鮭魚在腹部儲存魚卵（視魚體大小，最大的可儲存4,000顆以上），洄游到上游高冷地區交配產卵。

在洄游季，經常可見紅色魚隻擠滿淺溪的景象，將整條河染成「滿江紅」。

在這段漫長又危險的旅程中，沿途穿過急湍險灘，或登上瀑布頂，或躍過攔河壩的建築，而且直到抵達終站前都不進食。這兩個月的返鄉之旅，鮭魚完全是依賴體內儲存的脂肪作為能量來源。因此，回到出生地的牠們，不是先前精神飽滿、肌肉健壯的樣子，而是歷盡滄桑、全身傷痕累累。當到達牠們出生的淺河床，鮭魚開始配對，並且會為了搶奪最佳產卵地點而彼此爭鬥唷。

產育期的鮭魚，在長達千里的溯游途程中，公鮭魚會長出下巴尖刺，嚇走遇上其他來犯的鮭魚；母鮭魚則用盡最後力氣，在河底砂礫中掘一處淺溝，將卵排在溝內。接著，公鮭魚才把精子排在卵上，最後公鮭魚跟母鮭魚會一起用砂土覆蓋產下的卵，這樣才算完成受精任務。接著再繼續往上游，重複爭鬥與產卵的過程，直到筋疲力盡死亡為止。

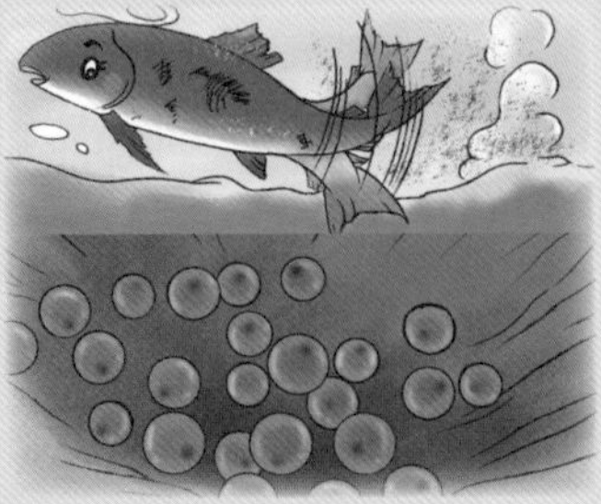

鮭魚的生命旅程，到產完卵才算完滿的結束，在此之後便是另一段生命的開始。

二、三天後，公鮭魚和母鮭魚雙雙死去，魚屍七橫八豎躺在河底，而未受精的卵和鮭魚屍骸，則成為了鳥類及食腐肉動來臨前的大餐。這樣周而復始，形成深海鮭魚迴游的生活周期循環生態。

鮭魚生態問答

看完小當、小亞的故事後，你是不是覺得鮭魚奇妙的生態很有趣，有興趣的朋友可以再去翻翻書，或是到海生館找找資料喔。

下列有幾道問題考考你，到底對牠們的了解有多少唷。來！學習鮭魚們的精神，勇敢的接受挑戰、努力作答吧！

問1：剛孵化出來的鮭魚，叫作什麼？

問2：成年的鮭魚正確的找到產卵孵化的溪流，是憑藉著什麼的引導？

問3：鮭魚回鄉的旅程，經常要游多遠的路程？

問4：所謂的「幼鮭」，是指出生後多久的鮭魚？

問5：鮭魚的受精任務，是怎麼完成的？

問6：鮭魚在海中，要生活多久才會洄游至故鄉產卵？

問7：產卵後的鮭魚稱為什麼？

問8：母鮭魚產的4,000顆卵中，有多少會長大？

問9：從海水回到淡水，鮭魚的身體會有什麼變化？

問10：未成熟鮭的身體是什麼顏色的？

問11：幼鮭成長多久，會長成約3公分的小魚苗？

問12：導致鮭魚無法依賴嗅覺找到回家的路的原因是？

鮭魚生態解答

答1：稚鮭。

答2：極其發達的嗅覺。

答3：4,000多公里。

答4：兩年後。

答5：雌魚在河底砂礫中掘一處淺溝，將卵排在溝內，雄魚再把精子排在卵上，接著用砂土把它掩蓋起來，這樣就算完成了受精任務。

答6：2～5年。

答7：產後鮭。

答8：30隻。

（4000／卵×20%×75%×20%=30／隻）

答9：鮭魚的魚鱗會轉成紅色，頭部轉成綠色，雄性鮭魚有隆起的背部，雌性鮭魚則在腹部儲存魚卵。

答10：銀色。

答11：3～4個月。

答12：水質惡化，或有其他汙染物，影響「水體味道」。

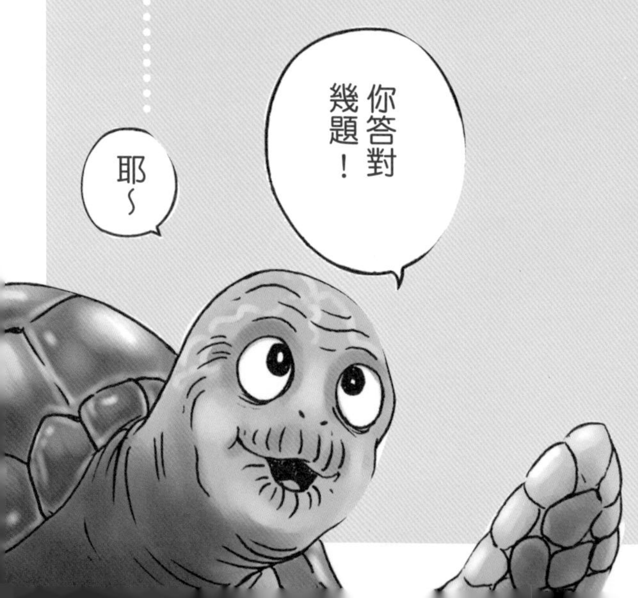

國家圖書館出版品預行編目資料

鮭鮭向前衝／黃耀傑作. – 初版. – 台北市
：幼獅, 2008.11
面；　公分. --（智慧文庫）
ISBN 978-957-574-717-6（平裝）
1. 鮭魚 2. 漫畫
388.597　　97019139

・智慧文庫・
鮭鮭向前衝

作　　者=黃耀傑
出 版 者=幼獅文化事業股份有限公司
發 行 人=李鍾桂
總 經 理=廖翰聲
總 編 輯=劉淑華
主　　編=林泊瑜
總 公 司=10045 台北市重慶南路 1 段 66-1 號 3 樓
電　　話=(02)2311-2832
傳　　真=(02)2311-5368
郵政劃撥=00033368

門市
●松江展示中心：(10422) 台北市松江路 219 號
電話：(02)2502-5858 轉 734 傳真：(02)2503-6601
●苗栗育達店：(36143) 苗栗縣造橋鄉談文村學府路 168 號（育達商業技術學院內）
電話：(037)652-191　傳真：(037)652-251

印　　刷=錦龍印刷實業股份有限公司
定　　價=200 元
港　　幣=67 元
初　　版=2008.11
二　　刷=2011.11
書　　號=930048

幼獅樂讀網
http://www.youth.com.tw
e-mail：customer@youth.com.tw

行政院新聞局核准登記證局版台業字第 0143 號

幼獅文化公司／讀者服務卡／

感謝您購買幼獅公司出版的好書！
為提升服務品質與出版更優質的圖書，敬請撥冗填寫後（免貼郵票）擲寄本公司，或傳真（傳真電話02-23115368），我們將參考您的意見、分享您的觀點，出版更多的好書。並不定期提供您相關書訊、活動、特惠專案等。謝謝！

基本資料

姓名：…………………………先生／小姐

婚姻狀況：□已婚 □未婚　職業：□學生 □公教 □上班族 □家管 □其他

出生：民國…………年…………月…………日

電話：（公）…………（宅）…………（手機）…………

e-mail：…………

聯絡地址：…………

1.您所購買的書名：**鮭鮭向前衝**

2.您通常以何種方式購書?：□1.書店買書 □2.網路購書 □3.傳真訂購 □4.郵局劃撥
（可複選）□5.幼獅門市 □6.團體訂購 □7.其他

3.您是否曾買過幼獅其他出版品：□是，□1.圖書 □2.幼獅文藝 □3.幼獅少年
□否

4.您從何處得知本書訊息：□1.師長介紹 □2.朋友介紹 □3.幼獅少年雜誌
（可複選）□4.幼獅文藝雜誌 □5.報章雜誌書評介紹…………報
□6.DM傳單、海報 □7.書店 □8.廣播(　　　　)
□9.電子報、edm □10.其他…………

5.您喜歡本書的原因：□1.作者 □2.書名 □3.內容 □4.封面設計 □5.其他

6.您不喜歡本書的原因：□1.作者 □2.書名 □3.內容 □4.封面設計 □5.其他

7.您希望得知的出版訊息：□1.青少年讀物 □2.兒童讀物 □3.親子叢書
□4.教師充電系列 □5.其他

8.您覺得本書的價格：□1.偏高 □2.合理 □3.偏低

9.讀完本書後您覺得：□1.很有收穫 □2.有收穫 □3.收穫不多 □4.沒收穫

10.敬請推薦親友，共同加入我們的閱讀計畫，我們將適時寄送相關書訊，以豐富書香與心靈的空間：

(1)姓名…………e-mail…………電話…………

(2)姓名…………e-mail…………電話…………

(3)姓名…………e-mail…………電話…………

11.您對本書或本公司的建議：

廣 告 回 信
台北郵局登記證
台北廣字第942號

請直接投郵　免貼郵票

10045　台北市重慶南路一段66-1號3樓

幼獅文化事業股份有限公司 收

請沿虛線對折寄回

客服專線：02-23112836分機208　傳真：02-23115368

e-mail：customer@youth.com.tw

幼獅樂讀網http：//www.youth.com.tw